바람이 지은 집

절

바람이 지은 집 절

1판 1쇄 | 2011년 4월 27일

글 | 윤제학
사진 | 정정현

펴낸이 | 김동금
펴낸곳 | 우리출판사
출판등록 | 제9-139

주소 | 서울특별시 서대문구 충정로3가 1-38
전화 | 02-313-5047, 5056
팩스 | 02-393-9696

ISBN 978-89-7561-306-7
책값은 뒤표지에 있습니다.

바람이 지은 집

절

글 윤제학 | 사진 정정현

우리출판사

머리말

세상 모든 절집은 바람願이 지었다.

세상 모든 사람들은 행복을 바란다. 흔히들 '이것만 이루면 더 바랄 게 없겠다'는 말을 한다. 대부분 그 바람은 무망하다. 바람의 목록은 무한정 늘어난다. 비루한 욕망에서 해탈에 이르기까지, 저마다 행복해지기 위한 바람이다. 그 간극은 아득하여서 야차의 세계와 부처의 세계에 걸친다. 그 사이에서 수많은 불보살이 우리 곁으로 왔다. 절집이 우리 곁으로 왔다.

세상 모든 절집은 바람風이 지었다.

세상 모든 사람들은 바람처럼 자유롭기를 바란다. 흔히들 '그물에 걸리지 않는 바람처럼' 살기를 바라지만, 우리의 자유를 구속하는 건 '보이지 않는 그물'이다. 카르마의 그물. 순간순간, 평생에 걸쳐서, 인연의 얽히고설킴에 의해서, 홀로 또는 여럿이서 함께 만든 '업'의 그물. 그 업의 그물에서 벗어난 사람들이 있었으니 원효, 의상, 자장 스님 같은 선지식이다. 이 분들의 삶은 전설이 되고 신화가 되어 바람처럼 산천을 떠돌았다. 이리하여 절집이 우리 곁에 왔다.

황해도 지방에서 '벽癖'을 일컫는 말은 '바람'이다. 흔한 절집 말로 '예토 곧 정토', '번뇌 즉 보리'의 뜻을 몸으로 읽게 한다.

그냥 마당을 쓸었는데 반가운 이가 찾아오듯 내 삶에 평화가 깃들기를 바라는 마음으로 이 글을 썼다.
우리 모두의 온갖 바람이 산산이 풍화되기를 바란다.

2011년 4월 윤제학

차례

우리 모두의 온갖 바람이 산산이 풍화되기를 바라면서.

허공을
탑으로 삼은
절

조계산 송광사

'송광사'하면, 늘 저녁 예불 시간이 떠오릅니다. 그 장중하고도 절도 있는 송광사 스님들의 예불문과 반야심경 독송을 듣노라면, 왜 이 절이 승보(僧寶) 사찰인지 알게 됩니다. 나는 그 장면이야말로 승보의 살아있는 모습이자 진정한 국보라고 생각합니다. 수십 명의 스님이 독송을 하는데도 가락과 장단에 빈틈이 없습니다. 개별성은 완벽히 소멸돼 있습니다. 그렇지만 전체주의적 기율의 강제는 느껴지지 않습니다. 최고의 합창단이 들려주는 화음과도 다릅니다. 화음 이전의 화음이고, 예술을 넘어선 예술의 경지입니다. 인간의 몸, 인간의 목소리로 구현할 수 있는 구경의 경지입니다. 승가(僧家)를 왜 화합중(和合衆)이라고 하는지를 이보다 더 장엄하게 표현할 수는 없을 겁니다.

산사의 저녁 예불 시간은 이른 봄이나 늦은 가을이 좋습니다. 여름은 너무 훤하고, 겨울은 너무 어둡습니다. 어느 해 가을 송광사에서 맞은 저녁 예불 장면은 아직도 내게 '감동'이라는 말로는 담아낼 수 없는 선물로 남아 있습니다.

밤이 지상으로 내려오기 시작할 무렵. 둥, 둥, 둥, 둥, 둥둥둥둥…. 법고 소리가 잦아들고 나면 범종 소리가 울려 퍼집니다. 인간이 고안해 낸 언어로는 이 소리의 근사치도 표현해 낼 수 없습니다. 미세한 파동을 일으키며 공간으로 스며드는 소리의 꼬리, 그 묘한 여음의 물결은 한국의 범종만이 지닌 아름다움이라지요.

시간의 사슬에서 풀려난 소리가 공간과 일체를 이루고 나면, 스님들의 예불문과 반야심경 독송이 이어집니다. 하늘과 땅, 자연과 인간, 밤과 낮이 하나가 되는 순간입니다.

송광사의 창건은 신라 말 혜린慧璘 선사에 의해서입니다. 지금처럼 큰 규모도 아니었고 이름도 길상사였다고 합니다. 고려시대에 들어서는 버려지다시피 했다가 보조 지눌 스님이 이곳으로 오고부터 면모를 일신했습니다. 보조 스님이 타락한 고려 불교를 다시 일으키고자 33세에 팔공산 거조암에서 조직한 정혜결사의 근거지를 43세가 되던 해인 1200년에 이곳으로 옮긴 것입니다. 이후 스님은 선禪과 교敎의 합일을 수행의 근본으로 삼는 조계선을 선양하니 곧 오늘날 조계종의 연원입니다. 보조 스님 이후 송광사에서는 조선 초기까지 16분의 국사를 배출했고, 근세에는 효봉, 구산 같은 스님이 승보 사찰의 전통을 튼튼히 다졌습니다. 이리하여 송광사

는 지금도 승보 종찰입니다.

송광사는 예로부터 '비를 맞지 않고 도량을 다닐 수 있는' 절로 유명했습니다. 그만큼 건물이 많았다는 얘기입니다. 지금도 송광사는 50여 동의 건물이 산속의 산을 이룹니다. 건물이 많다는 건 그만큼 많은 대중이 모여 산다는 걸 뜻하겠는데, 지금도 대중이 화합하는 모습은 물 같습니다.

송광사를 둘러싼 조계산 자락의 산세는 부드럽기 이를 데 없습니다. 그것을 닮아서인지 송광사 스님들의 거동은 진중하면서도 부드럽습니다. 조계산 서쪽의 피아골과 홍골이 합쳐 이룬 계류는 사역의 남서쪽을 부드럽게 휘감고 흐릅니다. 송광사는 산과 물과 사람이 한몸을 이루어 살아갑니다.

송광사는 대찰이면서도 석탑이나 석등이 없습니다. 승보 사찰이어서 의도적으로 그런 것인지는 모르겠지만, 이런 규모의 절이 의도 없이 그랬으리라 보기도 힘듭니다. 다 아는 것처럼 석탑의 기원이 석존의 사리를 모신 데서 비롯한 것을 미루어 보면 의도일 수도 있을 것 같습니다. 사실 불교에서 말하는 불佛·법法·승僧 삼보는 셋이면서 하나고 하나이면서 셋입니다. 부처로부터 가르침과 그 가르침을 계승한 승가 집단이 비롯됐지만, 승가가 없으면 앞의 둘도 호지되지 못했을 것입니다.

한편 석조 장엄물이 없는 이유를 풍수적 상상력에서 찾을 수도 있을 것 같습니다. 관음전 뒤 보조 국사 사리탑에서 절을 바라보면 마치 한 송이 연꽃이 피어 있는 것 같습니다. 기왓골 가지런한 전각의 지붕들은 하나나가 꽃잎인 양합니다. 따라서 이런 꽃잎을 다치지 않게 하려고 석조 장엄

물을 세우지 않았나 하는 것이지요.

위의 두 가지 얘기 모두 억지로 꿰어 맞추었다 쳐도, 분명한 어떤 의도가 있었으리라는 생각을 떨치기 힘듭니다. 절의 사실상 입구격인 우화각 아래의 무지개다리, 계류와 몸을 맞댄 사자루와 임경당의 석축, 아예 계류에 발을 담근 돌로 만든 긴 주초에서 볼 수 있는 것처럼 석재에 대한 의존도가 아주 높은 건축 공간이 송광사이기 때문입니다. 이런 시각에서 도량을 살피자 재미있는 사실이 눈에 들어왔습니다. 송광사에는 그 어느 절보다 정교하고 다양한 형태의 석축과 돌담이 있다는 점입니다.

조고각하照顧脚下, 발밑을 살피라는 말로, 일상을 반듯이 하라는 뜻 하는 심정으로 찬찬히 도량을 둘러보았습니다. 쌓은 이의 정성이 고스란히 느껴지는 돌들이 마당과 석축과 담장에서 보석처럼 빛나고 있었습니다. 대웅전 뒤 석축은 큰 돌과 작은 돌을 정교하게 그레질하여 쌓았고, 도성당은 담장을 허물고 자라는 나무를 피해 돌과 진흙을 섞어 쌓았습니다. 그 옆 국제선원은 기와를 켜켜이 넣은 토담으로 운치를 더했습니다. 산신각 뒤로 절을 감싼 돌담은 막돌을 있는 그대로 쌓아 올렸습니다. 목우헌의 석축과 돌담 위로는 담쟁이를 올려 돌에 온기를 더해 주고, 계곡을 건너 화엄전으로 오르는 계단은 막돌을 무심히 던져 놓은 듯한 모습입니다.

율원으로 올랐습니다. 편백과 대나무 사이 돌담은 마치 농가의 그것처럼 보는 이를 편안하게 해 줍니다. 부도전에 이르자 갖은 정성을 다한 돌담과 율원律院을 에워싼 막돌담의 천연한 아름다움이 세상 그 어떤 석탑보다 장엄해 보였습니다. 돌 하나도 허투루 다루지 않고 생긴 대로의 쓸모를 찾은 그 모습에서 나는, 인간과 자연이 어떻게 만나야 하는지를 다시금 새겨보았습니다.

무량수전으로 널리 알려진 부석사를 한국 고건축 박물관으로 부르는 모양입니다. 같은 관점에서 송광사를 보자면 한국 사찰 건축 양식의 박물관이라 할 만합니다. 다양한 형태의 크고 작은 전각들이 나름의 구실에 충실합니다. 근년에 지은 건물에서도 아치를 느끼기 어렵지 않습니다. 하지만 나는 송광사를 다시 찬찬히 둘러보면서 건물의 규모나 의장적 아름다움보다는 기단이나 석축과 같은 바탕의 튼실함에서 우리 전통의 진정한 뿌리를 느꼈습니다.

한국 고건축에 대한 연구가 깊은 건축가 이상해성균관대 건축과 교수는 우리 전통 건축 공간의 아름다움은 건물과 건물이 만들어 내는 공간에 있다고 합니다. 건물을 산으로, 건물 사이를 계곡으로 보면 우리네 전통 건축 공간의 고유한 아름다움이 보인다는 것입니다. 송광사에 딱 들어맞는 말이었습니다. 송광사의 건물과 건물은 독자적인 기능을 수행하면서도 절묘하게 어우러져 있고, 건물과 건물 사이의 공간은 도량 전체의 깊이를 더해줍니다. 송광사는 실로 산속의 또 다른 산이었습니다. 그렇지만 높이에 집착하는 오만은 없습니다. 건물의 중심을 텅 비워 하늘을 들여놓고 있습니다. 그 허공이야말로 송광사만의 탑이 아닌가 싶기도 합니다.

송광사는 국보 3건 3점, 보물 19건 110점 외에 천연기념물과 지방문화재 등 총 6천여 점의 문화재를 보유하고 있는 절입니다. 하지만 내게는 조석 예불시의 스님네들의 모습과, 가장 낮은 곳에서 전각의 숲을 떠받치고 있는 기단과 석축 그리고 돌담들이 진정한 국보입니다.

시간의 사슬에서 풀려난 소리가

공간과 일체를 이루고 나면,

스님들의 예불문과 반야심경 독송이 이어집니다.

하늘과 땅, 자연과 인간, 밤과 낮이

하나가 되는 순간입니다.

관세음보살의
자비는
'나'로부터의 자유

도봉산 원통사

빛이 강하면 그림자도 짙은 법이라 했습니다. '서울'만큼 이 말에 딱 들어
맞는 곳도 없을 겁니다. 하늘 궁전 같은 고층 아파트와 빌딩 숲 사이로, 세
계 최고의 오케스트라가 들려주는 선율이 흐르는 서울은 천당 같습니다.

현대 문명의 잣대로 보면, 과연 조용필이 "서울 서울 서울 아름다운 이
거리 / 서울 서울 서울 그리움이 남는 곳"이라고 노래할 만합니다. 하지만
이 노래를 흥얼거리며 지하철 노숙자 앞을 지나기는 죄스럽습니다. 높이
로 치면 타워 팰리스가 부럽지 않은 달동네의 고불고불한 계단을 오를 때
는 삶의 무게가 천근입니다. 그래서 정태춘은 "화사한 가로등 불빛 너머
/ 뿌연 하늘에 초라한 작은 달 / 오늘 밤도 그 누구의 밤길 지키려 / 어둔 골
목, 골목까지 따라와 / 취한 발길 무겁게 막아서는 / 아, 차가운 서울의 달"
이라고 노래했나 봅니다.

다 알다시피 서울의 양면성은 어제 오늘의 일이 아닙니다. "모로 가도 서울만 가면 된다."는 시절에도, "서울이 무섭다니까 과천서부터 긴다." 했습니다. 그러면서도 서울로, 서울로, 서울로 모여들었습니다. 조금이라도 빨리 갈 양으로 '눈썹마저 빼놓고' 달렸습니다. 그 결과 남한 면적의 약 0.6%밖에 되지 않은 땅덩어리에 남한 인구의 약 21%가 모여 삽니다. 수도권까지 포함시키면 절반 이상이겠지요. 그러나 이러한 집중 현상은 70년대 산업화 이후의 일입니다. 19세기_{대한제국}말 한양의 인구는 20만 명 정도였고, 해방 무렵에도 60여만이었습니다.

서울이라는 곳에도 축복이 있습니다. '산'으로 둘러싸여 있다는 사실입니다. 만 원짜리 한 장만 가지면 교통비에 점심, 가볍게 생맥주 한 잔 하며 하루 산행을 즐길 수 있는 곳이 서울입니다. 사실 서울은 우리나라에서 가장 큰 '산골'입니다. 이른바 내사산內四山이라 하여 북쪽의 북악산(백악산), 동쪽의 낙산(타락산), 남쪽의 남산(목멱산), 서쪽의 인왕산이 한양의 4대문을 연결하는 성곽을 품고 있습니다. 그리고 또 겹으로 외사산外四山이라 하여 북쪽의 북한산, 동쪽의 용마산(아차산), 남쪽의 관악산, 서쪽의 덕양산이 에워싸고 있습니다. 산과 인간의 삶에 관하여 이렇게 정교한 이해 속에 이루어진 국제적 도시가 또 있을까 싶습니다. 이런 의미에서 서울은 분명 축복 받은 땅입니다. 만약 서울에 북한산과 도봉산이 없었다면 지금보다 엄청나게 더 많은 (정신)병원이 생겨났을 겁니다.

도봉산을 포함한 북한산국립공원에는 40여 개의 사찰이 있습니다. 다가 보지 않아서 함부로 할 말이 못 되지만 내가 가 본 곳 중에서는 가장 호젓하고 예쁜 절이 도봉산 원통사입니다. 더 주관적으로 말하자면 -대찰은 다른 경우가 되겠고- 관광지화 된 웬만한 산중 사찰보다 더 산사 같습니다. 도봉산을 자주 가 보신 사람들은 다 느끼셨겠지만 그렇지 않은 분들이 평일에 -가능하면, 꼭 - 무수골을 통해 원통사를 찾는다면 '아니, 서울에도 이렇게 호젓한 곳이 있었다니!' 하고 놀라실 겁니다.

북한산 국립공원은 우이령을 기준으로 두 구역으로 나누어집니다. 남쪽이 북한산이고 북쪽이 도봉산입니다. 도봉산이 규모가 작습니다. 그중에서도 원통사 쪽은 상당히 한갓집니다. 그 이유는 절을 목표로 산을 오르지 않는 사람들에게 별 매력이 없는 코스이기 때문입니다. 도봉산 마니아라면 도봉유원지나 원도봉산 쪽에서 올라 다양한 코스 구성을 할 것이고, 도봉주능선과 포대능선을 잇는 종주 산행을 할 경우에도 원통사는 스쳐 지나갈 것입니다. 처음 또는 가끔 도봉산을 찾는 사람이라면 당연히 밋밋한 무수골 코스는 택하지 않을 것입니다. 덕분에 원통사는 등잔 밑 같은 절이 되었습니다. 오죽했으면 북한산 국립공원 홈페이지에도 원통사에 대한 언급은 없습니다. 조용히 산책하듯 산사를 찾고 싶은 도시인들에게 이보다 좋은 조건은 없을 듯합니다. 그 길을 한번 걸어보겠습니다.

지하철 1호선 도봉산역(북부)에서 내린 다음 길을 건너십시오. 그리고 도봉초등학교 앞을 지나 성황당 쪽을 향하면 무수골이 나옵니다. 동네의 행색이 범상치 않습니다. 80년대에서 딱 멈춰버린 듯한 주택가를 지나면

주말농장이 나옵니다. 1평, 2평에 대문짝만한 이름표를 붙인, 진짜 농사꾼이 봤다면 빙긋 웃을 밭이지만 땅 냄새가 그리운 사람들에게는 대단한 농장일 것입니다. 주말농장을 지나 난향원성신여대 생활관을 지나면 무수골 매표소가 나타납니다. 이곳에서 원통사까지는 1.7km, 뒷짐 지고 걸어도 1시간이 걸리지 않습니다.

매표소를 지나 자현암 쪽 계곡에 들어서는 순간부터 도심에서 묻어온 때는 숲이 거두어갑니다. 상당히 울창한 수림 사이로 길과 물이 함께 흐릅니다. 계곡물 소리에 귀를 맡기고 이 세상을 가장 사랑한 한 보살을 떠올립니다. 관세음觀世音보살입니다. 지금 우리는 관세음보살을 만나러 가는 길입니다. 물소리가 하도 좋아 계곡으로 내려가 발을 담가 봅니다. 뼛속까지 시원해지는 느낌입니다. 그 느낌 그대로 원통사로 오릅니다. 우이암 아래 아담한 바위 같은 절이 거기 있습니다.

관세음보살은 달리 원통대사圓通大士라 합니다. 참된 지혜는 두루 막힘이 없으므로 원통이고, 또한 모든 존재에 영향을 미치므로 원통입니다. 그 미치는 바란 대자대비大慈大悲이므로, 또한 관세음보살은 시무외자施無畏者입니다. 모든 중생이 조금의 두려움도 없는 마음 상태에 이르도록 자비를 베푸는 보살이란 말이겠지요. 따라서 관세음觀世音을 흔히 글자 그대로 세상의 소리를 '보는'것으로 풀이하는 건 안이한 문자주의가 아닌가 하는 생각이 듭니다. '소리'를 '본다'는 논리적 모순 때문이 아닙니다. 불교에서 말하는 '관觀'은 단순히 '보는'것이 아니라 '살펴서 알아채는' 것이고, '돌이켜 비추는返照'는 것이기 때문입니다.

관세음보살은 세상 모든 중생의 신음 소리를 듣고 되비추어 자신의 아픔으로 여기는 보살입니다. 따라서 우리가 관세음보살을 일념으로 부른다고 했을 때, 그 가피는 관세음보살을 통해 소원을 성취하는 것이 아니라 관세음의 지혜를 느끼는 것이겠지요. 관음의 지혜 즉 '너와 내가 하나'임을 체득하고 이기심의 뿌리인 '나'로부터 자유로워지는 것이 진정한 가피일 것입니다. 이러한 경지를 표현한 노래가 원통사 관음보전에 주련으로 새겨져 있습니다.

보고 듣는데 걸림이 없으면	聞見覺知無障碍
세사에 부대껴도 그대로 삼매.	聲香味觸常三昧
새들이 하늘을 날 때 그냥 날듯이	如鳥飛空只麼飛
취함도 버림도, 사랑도 미움도 말지니.	無取無捨無憎愛
경계에 부딪쳐도 무심하다면	若會應處本無心
그가 바로 관자재보살일진저.	始得名爲觀自在

전등록傳燈錄 권5에 전해오는 사공 본정司空本淨, 중국 당나라, 667~762의 게송입니다. 번역이 조금 과감해졌습니다만, 원문 없이 읽어도 뜻이 통하려면 우리 말다워야 하겠기에 그렇게 했습니다. 이 노래의 뜻을 새기며 원통사 앞마당에서 전망을 살핍니다. 수락산, 불암산, 용마산 그리고 초안산 사이사이

로 동양 최대의 밀집도를 자랑한다는 상계동 아파트 단지를 비롯한 도봉구, 노원구 일대가 눈 아래에 걸립니다. 아등바등 싸우고 물어뜯고, 질투하고, 상처 주고 상처 받으며 살아가는 내 삶이 손금처럼 내려다보입니다. 핏발 선 내 목소리가 결국은 세상 문제의 출발점임을 알겠습니다. 관세음보살님의 가르침입니다.

원통사는 도선 스님이 864년경문왕 3에 초창했다는 천년 고찰입니다. 이후로 왕조가 바뀔 때마다 중창을 해 오며 오늘에 이르렀는데 현존 건물은 근세에 지은 것으로, 관음보전과 종각, 약사전, 삼성각, 정혜료(요사)가 곱게 앉아 있습니다. 삼성각 아래에는 천연동굴에 조성된 나한굴이 있습니다. 만공, 동산, 춘성 같은 근세 고승이 수행하던 청정 가풍을 그대로 느낄 수 있을 만큼, 알뜰히 가꾼 도량입니다.

자주 원통사를 찾아야 할 것 같습니다. 세상사 시끄러움이 나로부터 비롯된다는 사실을 곧 잊어버릴 테니까요.

대자연의 서기로
가득한
피안의 길목

운달산 김룡사

아침마다 같은 번호의 버스, 같은 노선의 지하철에 몸을 싣고 쳇바퀴 돌듯 하루하루를 살아갑니다. 이런 동굴 같은 일상을 무덤으로 만들지 않기 위해 우리는 길을 떠납니다. 여행은 인간의 광합성입니다.

일상에서 삶의 궁극을 찾은 이들이 있습니다. 조주趙州, 778~897 스님이 남전南泉, 748~795 스님에게 물었습니다.

"무엇이 도입니까如何是道?"

"평상심이 바로 도이다平常心是道."

세간과 출세간의 경계가 무너지는 자리입니다. 이러한 선禪의 전복성은 '번뇌가 곧 보리菩提, 지혜'라는 혁명적 선언을 낳았습니다. 일상에 대한 가없는 긍정입니다.

하루하루의 삶을 벗어나 찾아야 할 도는 없다는 선사禪師들의 통찰은 비루한 일상 그대로를 보석으로 바꾸어 놓습니다. 선사들에게 깨침은 '세수하다 코 만지기'입니다. 구름을 타고 찾아야 할 도道 같은 건 없다는 말이겠지요. 어쩌면 선사들이야말로 일상성에 주목한 최초의 인류가 아니었을까 하는 생각을 해 봅니다.

'잘 쉬는 것도 하나의 경쟁력'인 시대를 살고 있습니다. 쉬는 일 자체가 일종의 스트레스가 될 소지도 다분해졌습니다.

운달산 김룡사를 찾았습니다. 산사의 침묵이 그리웠습니다. 아주 단순한 생각에서였습니다. 하지만 소득은 기대의 몇 갑절이었습니다. 그것은 세 번의 놀람으로 다가왔습니다.

첫 번째 놀람은 절을 둘러싼 자연의 눈부심 때문이었습니다. 자동차가 무시로 드나드는 활짝 열린 곳에 아직도 때 묻지 않은 계곡과 원시림이 존재한다는 것은 하나의 경이였습니다.

백두대간이 대미산1115m에서 남쪽으로 한 가지를 뻗어 일으켜 세운 운달산1097.2m은 팔처럼 계곡을 풀어 김룡사를 안습니다. 그중 서남쪽으로 흘러내리는 계곡이 바로 운달계곡입니다. 이곳 사람들은 냉골로 부릅니다. 얼음처럼 서늘한 계곡이라는 말이겠지요. 태고부터 도끼소리를 들어본 적이 없다는 원시림이 머금었다 흘려보내는 풍부한 물이 사철 계곡을 적십니다. 계곡을 흐르는 물 위로 또 한 겹 물결처럼 안개가 피어오릅니다. 주차장에서 차를 버리고 안개 위에 몸을 실으면 울울창창한 전나무 숲길이 길잡이를 해 줍니다. 이 땅에 아름다운 전나무 숲길이 한둘은 아니지만 이

곳은 특별합니다. 계곡을 끼고 그 흐름을 따라 자연스럽게 휘어 돌기도 하고, 사이사이에 단풍나무와 층층나무 같은 활엽수들을 끼고 있어 진한 원시성을 느끼게 됩니다.

쉴 새 없이 바위를 간질이는 물과 조금의 거리낌도 없이 몸을 내맡기고 있는 바위, 그 억겁의 포옹에 넋을 다 주고 말 즈음 홀연히 산문이 나타납니다. 김룡사의 일주문인 홍하문紅霞門입니다. '붉은 노을'이라는 문 이름이 녹음 속에서 이채롭습니다. 잠시 눈을 감고 머리 속으로 단풍 든 숲길을 불러내 봅니다.

홍하문 아래에 걸린 '雲達山金龍寺운달산김룡사' 편액은 구한말의 독립운동가로 상해 임시정부의 요인이었던 동농東農 김가진金嘉鎭의 글씨라고 합니다. 홍하문 오른쪽에는 민예품처럼 투박한 조각 수법의 귀부가 눈길을 끄는 비석이 보입니다. 절에 전답을 희사한 계성당桂城堂의 송덕비라고 합니다. 일주문 안의 비는 김룡사에서 출가한 근세의 걸출한 학승이자 초대 동국대 총장이었던 퇴경당 권상로 대종사의 사적비입니다.

다시 숲길을 걸어올라 오른쪽으로 살포시 돌아 오르면 김룡사의 전각들이 모습을 드러냅니다. 그러나 그보다 먼저 눈길을 붙잡는 것은 마치 금강역사인 양 가람을 감싸고 있는 금강 소나무의 모습입니다. 김

룡사를 감싸고 흐르는 자연의 광휘는 그것으로 절정을 이룹니다. 운달계곡과 전나무 숲 그리고 소나무는 김룡사의 살아있는 탱화입니다. _{수령 50~90년}

에 이르는 김룡사의 전나무는 경북산림환경연구소에서 관리하는 채종림이기도 하다.

　　조금 속물스럽긴 합니다만 두 번째 놀람은 왜 이런 절이 전국적으로 널리 알려지지 않았을까 하는 것입니다. 일제강점기에는 전국 31본산의 하나로 50개의 말사를 관장하던 큰절이었습니다. 이런 절이 왜 한갓진 산속 절로만 치부되고 있는 것일까요. 상당히 주관적인 얘기일지 모르겠지만 근래의 과도한 문화재 집착이 이런 현상을 가져온 게 아닌가 합니다. 언제부턴가 우리 사회에서 사찰의 격을 말할 때 국보급 문화재의 보유 유무를 그 척도로 삼곤 합니다. 그러나 그것이 절대 기준일 수는 없습니다. 절은 박물관이 아닙니다. 당연히 불교 신자들에게는 제1의 의미가 신앙 공간일 테지만 아닌 사람들에게는 '잘 쉴 수 있는' 곳이어야 합니다. 그것이야말로 '닦음'이 아닐까요. 문화(재) 학습장으로서 기능도 중요하지만 그것은 후순위로 밀려도 좋을 것입니다. 자연 속에서 얻은 한가한 마음. 이보다 좋은 수신修身이 또 있을까요. 첨단 문명사회일수록 자연과 인간의 매개 공간으로서 절의 소중함은 아무리 강조해도 지나치지 않을 것입니다. 절이 자연의 품에 안김으로써 우리는 삶 깊숙한 곳에 자연을 담을 수 있습니다.

　　절은 인간화한 자연의 진경입니다. 그것의 한 부분을 김룡사 가람에서 봅니다. 보제루 석축 앞에 상사화가 곱게 피어 있습니다. 잎이 다 시들고 난 뒤 꽃을 피워 이별초라는 별칭을 갖고 있기도 합니다. 애끓는 사랑을 상징하는 꽃입니다. 하지만 이 꽃이 절 마당으로 들어오면 '피안화彼岸花'가 됩니다. 우리 모두도 언젠가는 저 꽃처럼 홀로 자연으로 돌아가겠지요. 봉명루종각에서 감로당 쪽으로 오르는 길가의 개미취 보랏빛 꽃은 지상으로 내려앉은 별빛인 양합니다. 그 빛을 밟고 오르면 대웅전 뒤쪽으로 금륜전산신각.독성각과 극락전, 응진전 앞에서 배롱나무백일홍가 꽃불을 밝히고 있습니다. 우리 육신의 그림자는 그 꽃 그림자 속에서 피안彼岸에 이릅니다.

세 번째 놀람은 근세 고승들의 수행처였다는 사실입니다. 조계종의 종정을 지내셨던 성철, 서암, 서옹 스님이 바로 그분들입니다. 자연의 가장 내밀한 곳으로 다가간 그분들로 하여 김룡사는 더욱 그윽해집니다.

풍수가들의 말에 따르면 김룡사의 가람은 '누운 소臥牛'의 형국이라고 합니다. 그리고 그 소의 눈에 해당하는 부분이 동쪽 계곡 너머 명부전이랍니다. 앞서 말한 스님들 모두 그곳에 머물렀다 합니다. 눈 밝은 스님들이어서 소의 눈을 찾은 것인지, 소의 눈이 스님들의 눈을 밝혔는지는 모르겠으되, 자연에 대한 눈뜸 없이 깨달음을 말할 수는 없을 것 같습니다.

김룡사의 초창은 588년신라 진평왕 10의 일입니다. 이후 조선 중기까지의 역사는 알 길이 없고 1625년조선 인조 3년에 다시 지었다고 합니다. 운달 스님이 창건할 당시의 이름은 운봉사였다고 하는데, 냉골의 차가운 기운이 구름을 피워 올리는 정경을 떠올리기 어렵지 않습니다.

현재의 이름으로 바뀐 때는, 절에 전하는 괘불의 화기畵記에 1703년으로 기록된 것으로 보아 그 이후로 보입니다. 전설에 따르면 김씨 성을 가진

이가 냉골에 숨어 살며 신녀神女를 만나 용龍이라는 아들을 낳고부터 가운이 성했다고 해서 동리 이름이 김룡으로 바뀌었고 절 이름도 그리 됐다고 합니다. 운달 계곡 상류의 금선대와 용소폭포의 첫글자를 따서 지었다는 이야기도 전합니다. 하지만 김룡사 존재 의미는 믿기 힘든 전설에 기댈 바가 아닙니다. 자연의 숨결이 성성적적한 절입니다.

남전 스님의 '평상심시도平常心是道'를 우리에게 전해 준 무문 스님은 그 때의 심회를 이렇게 노래합니다. 그 노래에 김룡사를 나서는 내 마음을 실어 봅니다.

"봄에는 온갖 꽃, 가을에는 달. 여름에는 시원한 바람, 겨울에는 눈. 만약 무엇이든 마음에 걸어 두는 일 없다면, 늘 호시절일진저." 春有百花秋有月, 夏有涼風冬有雪, 若無閑事挂心頭, 便是人間好時節.

"무엇이 도입니까 如何是道?"

"평상심이 바로 도이다 平常心是道."

반달의 겸손이 일깨우는
자연과 이웃의 은덕

보현산 보현사

뎅그렁, 뎅. 풍경소리에 귀가 밝아집니다. 창호지에 어리는 달빛이 은은합니다. 달이 산을 넘은 모양입니다. 조심스레 문을 엽니다. 동쪽 하늘에 반달이 걸립니다. 반달의 은근한 빛은 별빛을 다 지우지 않았습니다. 절을 둘러싼 산마루 위 소나무들의 몸태가 대낮보다 더 선명합니다. 산은 더 높아지고, 마당도 깊어집니다. 밤하늘은 깊은 호수 같습니다.

쉬 잠을 이루지 못하고 몇 번이고 산사의 적막에 흠집을 내다가 깜빡 늦잠을 자고 말았습니다. 문을 열자, 산은 안개를 풀어 산사를 어루만지고 있습니다.

보현사는 대관령에서 오대산을 향하는 백두대간의 동쪽 기슭에 자리하고 있습니다. 선자령1157.1m과 곤신봉1127m이 빚은 계곡은 절 앞을 감싸며 흐르고, 곤신봉에서 가지 친 산줄기에 자리한 보현산성대공산성, 강원도 문화재자료

제28호에서 흘러내리는 계곡은 절 뒤편을 어루만집니다. 이렇듯 깊은 산의 품에 안겨 있지만 답답한 느낌은 없습니다. 동쪽으로 흐르는 계곡을 따라 활짝 산문이 열려 있기 때문입니다. 계곡은 강릉 남대천으로 흘러들고, 그 물길이 끝나는 곳에 동해가 아스라이 눈앞에 펼쳐집니다. 누가 과연 이런 곳에 절을 열 생각을 했을까요?

보현사의 창건에 대한 문헌 자료는 전해오지 않습니다만, 낭원대사오진탑비朗圓大師悟眞塔碑, 보물 제192호가 940년고려 태조 23에 세워진 것으로 미루어 볼 때 신라 말기에 창건된 것으로 추정합니다. 낭원대사834~930는 신라 구산선문의 하나인 사굴산문의 개산조인 범일국사의 제자입니다. 범일국사는 지금까지도 강릉 지역에서 신적으로 추앙받는 인물인데, 국사가 개창한 사굴산문의 본산인 굴산사는 보현사의 이웃 마을인 강릉시 구정면 학산리에 있었던 절입니다. 폐사된 채로 묻혀 있다가 1936년 홍수 때 주춧돌과 절 이름을 새긴 기와가 발견됨으로써 존재를 드러냈습니다. 이런 정황들로 보아 보현사의 초창이 신라 말기일 것이라는 추정은 무리가 아닌 듯합니다.

낭원대사가 중창한 당시의 절 이름은 보현사가 아니었습니다. 낭원대사오진탑비에는 보현산 지장선원이라고 기록돼 있습니다. 1799년조선 정조 23에 발간된 전국의 사암과 절터를 밝힌 범우고梵宇攷에는 보현산 지장사로 기록돼 있고, 폐사된 뒤 그 자리에 보현사가 섰다고 밝히고 있습니다. 〈신증동국여지승람〉 강릉대도호부조에는, '부 서쪽 35리에 보현산'이 있고

'보현산에 지장사가 있다'고 적혀 있습니다. 현재 절 동쪽에 지장선원을 복원하고 있는 중인데 지표조사 과정에서 풍탁風鐸과 기와편이 출토되어 절의 지워진 역사를 증언하고 있습니다.

고찰들은 예외 없이 절 이름에 산을 앞세웁니다. 보현사는 보현산이 자신의 거처임을 분명히 하고 있습니다. 그런데 현 국토지리정보원의 지도에는 보현산이라는 지명은 보이지 않습니다. 삼국시대에 축성되었다는 보현산성(지도에는 대공산성이라고 표기)의 존재에 산 이름이 가려진 결과일 것입니다. 보현사의 소재지인 성산면의 이름이 산성에서 비롯된 것을 봐도 산보다는 산성의 존재감이 더 컸다는 것을 알 수 있습니다. 어쨌든 절터의 주맥은 보현산(성)으로 이어집니다. 선자령과 곤신봉은 계곡을 사이에 두고 절과 마주합니다. 속히 보현산이 제 이름을 찾게 되기를 기대해 봅니다.

보현사는 들머리가 아름다운 절입니다. 성산면에서 옛 영동고속도로 대관령 방향 초입에서 415번 지방도를 타고 가다 보광교를 지나면서부터 아늑한 산골 분위기에 절로 마음이 편안해집니다. 예쁘게 화단을 가꾸어 놓은 식당을 겸한 민박집들은 관광지에서 흔히 느끼게 되는 투철한 상혼이 감지되지 않습니다. 이곳을 지나면서부터 인적은 끊어집니다. 선자령과 곤신봉에서 흘러내리는 계곡물은 너럭바위를 환히 드러내며 귀를 씻어 주고, 구비 도는 곳의 작은 못은 단풍잎을 띄워 마음 한 귀퉁이를 붉게 물들입니다. 깊고 넓은 계곡은 아니지만 청신함으로 충만합니다. 그 맑은

물살에서 나는 백두대간의 정령을 봅니다. 고인들도 이러한 보현사 골짜기의 기운을 끔찍이 아꼈던 모양입니다. 보현사에 구전하는 다음과 같은 전설이 그것을 말해 줍니다.

문수보살과 보현보살이 중국의 오대산에서 부처님의 진신사리를 구해 해동 신라의 오대산에 봉안하기로 하고 뱃길로 강릉 땅 남항진에 도착하여 한송사에서 하룻밤을 묵게 되었습니다. 이때 문수보살이 보현보살에게 말하기를, 내일 대령(대관령)만 넘게 되면 오대산에 당도하게 되는데 오대산 안과 밖에 각기 절을 세우기로 하고 그 위치는 활쏘기로 결정하자고 했답니다. 다음날 아침 활을 쏜 결과 문수보살의 화살은 대관령을 넘어 오대산에 떨어지고 보현보살의 것은 보현사에 떨어졌다는 얘깁니다.

오대산에는 다섯 대臺마다 1만씩 5만의 문수보살이 상주한다는 전설에서 부회된 얘기가 아닌가 합니다. 다 알다시피 문수와 보현은 늘 짝을 이루어 석가모니불을 좌우에서 협시하는 보살입니다. 그런데 오대산에는 문수보살만 머물고 있습니다. 바로 이 점에서 착안하여 맞은편의 보현산에 보현보살이 머문다는 전설이 만들어졌을 것이라고 추측해 봅니다.

계곡이 깊어지고 선자령에서 곤신봉으로 이어지는 백두대간의 줄기가 시야를 압도할 즈음 '보현성지'라고 쓴 입석이 눈에 들어옵니다. 보현사의 경내에 발을 들인 셈입니다. 이어서 길가에 20여 기의 석종형 부도전이 나타납니다. 이곳에서 300미터 쯤 더 가면 보현산 자락에 기대어 계곡에 발을 담그고 있는 보현사가 옆모습을 드러냅니다.

보현사의 전각들은 바른 네모꼴을 이루고 있습니다. 경내 진입은 누각인 금강문 아래를 통하게 되는데, 이곳을 지나면서는 저절로 대웅전으로 눈길을 주게 됩니다. 조선 후기에 지어진 대웅보전강원도 유형문화재 제37호 뒤로 멋들어지게 휘어진 소나무가 후광처럼 시린 기운을 드리우고 있습니다. 왼쪽에는 수선당과 삼성각이 나란히 서 있고, 오른쪽에는 종각과 요사가 배치돼 있습니다. 그리고 대웅보전과 삼성각 사이에 영산전이 앉아 있습니다. 영산전 뒤쪽으로 산기슭을 오르면 낭원대사 오진탑보물 제191호을 만날 수 있습니다. 이슥한 숲 속에 자연석으로 만든 돌계단은 한걸음 한걸음을 아껴 걷게 만드는 즐거움을 안겨 줍니다.

보현사는 작은 절입니다. 계곡을 앞에 두고 산기슭을 다듬은 입지이기 때문입니다. 그러나 도량에 서 보면 작다는 느낌이 들지 않습니다. 계곡이 만들어 내는 확장감과 부드럽게 흘러내리는 산세의 우람함 덕분일 것입니다. 절과 마주한 선자령과 곤신봉 줄기는 백두대간 전 구간 중 가장 유장하게 흐르는 곳입니다.

보현사에는 건성 바라보는 눈길에는 잡히지 않는 이채로운 구석이 있습니다. 종무소로 쓰는 요사에 걸린 '보현사'라 쓴 편액도 그중 하나인데, '賢'자의 '又'부분이 '忠'자인 것도 특이하고 그 글씨를 쓴 사람이 10살 소년이라는 점도 눈길을 끕니다. '1884년에 창동滄洞에 사는 여재복呂在卜이 10살 때 써서 걸었다'는 내용의 관지가 적혀 있습니다. 대웅보전 앞에는 고개를 돌려 부처님을 바라보는 사자상이 있는데, 아무리 뜯어봐도 순한

강아지처럼 보입니다. 종각 옆에서 바라보는 동해 일출도 빼놓을 수 없겠습니다.

어떤 절에서건 나는 저물녘의 풍광을 좋아합니다. 보현사처럼 깊은 산속 절은 더 말할 나위가 없겠지요. 산이 서서히 먹빛을 풀면서 계곡물 소리와 풍경 소리를 살려내는 분위기는, 밤을 잃어버린 현대인에게 안식이란 어떤 것인가를 알게 해 줍니다.

깊은 밤 홀로 절 마당에 몸을 세우고 하늘을 우러렀습니다. 반만 남은 달빛이 더 매혹적이었습니다.

달은 스스로 빛을 발하지 못합니다. 태양의 빛이 닿을 때만 빛을 발합니다. 무릇 자연의 은덕으로 사는 우리들, 저 반달의 은근함과 겸손을 배워야 할 것 같습니다.

보현사는 작은 절입니다.

계곡을 앞에 두고 산기슭을 다듬은

입지이기 때문입니다.

그러나 도량에 서 보면 작다는 느낌이

들지 않습니다.

계곡이 만들어 내는 **확장감**과

부드럽게 흘러내리는 산세의 **우람함** 덕분일 것입니다.

절과 마주한 선자령과 곤신봉 줄기는

백두대간 전 구간 중

가장 유장하게 흐르는 곳입니다.

섬,
홀로 된 자들을 위한
안식의 땅

낙가산 보문사

강화도에서 '섬'을 느낄 수는 없습니다. 강화와 김포를 가르는 바닷길 즉 염하鹽河를 가로지르는 강화대교가 일러주는 것은 문명의 속도뿐입니다. 그러한 속도 위에서 몽고와의 항전이나 손돌목에 얽힌 슬픈 이야기, 혹은 미군 해병대와 일본군에 유린당한 초지진의 피어린 역사를 헤아리는 일은 롤러 코스트를 타고 명상을 하려는 것만큼이나 부질없습니다.

4세기 전까지만 해도 강화도는 김포반도에 연결된 육지였다 합니다. 그러나 오랜 침식작용으로 땅이 낮아진 뒤 침강운동에 의해 떨어져 나가 섬이 됐다는 것입니다.

강화읍을 지나 외포리 포구에 이르러서야 비로소 섬을 느낍니다. 보문사를 안은 석모도가 바다 위에 떠 있습니다. 10분 남짓 배를 타면 되는 거리이지만 인간은 제 혼자의 힘으로는 그곳에 이르지 못합니다. 이러한 인간의 한계를, 배를 따르는 갈매기 떼들이 새삼 확인시켜 줍니다. 팔을 내밀자 살짝 손가락을 깨물고 가는 놈도 있습니다. 고마웠습니다. 곁을 주는 것만으로도 고마웠습니다. 바람에 흩날리는 물방울이 뺨에 닿는 것만큼이나 상쾌한 통증이었습니다.

석모도에 닿아 다시 차를 타고 10여 분쯤 달리자 보문사 아래의 식당촌이 나타납니다. 솔직히 기분이 구겨집니다. 하지만 이런 기분은 한순간입니다. 일주문을 지나면서 하늘로 치솟듯 가파른 오르막길이 '절로 가는 마음' 이외의 것은 깡그리 내려놓게 합니다.

진입부의 수직적 상승감 때문인지 도량에서 느끼는 첫 인상은 범접하기 힘든 위엄 같은 것입니다. 대가람이 아님에도 불구하고 실제보다 크게 느껴지는 것도 기운찬 산줄기의 흐름을 온몸으로 받는 듯한 응축감 때문이 아닌가 싶습니다. 산의 기운을 절묘하게 전각으로 화현시킨 도량의 앉음새는 낙가산의 지음知音으로서 보문사의 존재감을 실감케 합니다. 이러한 입지는, 관세음보살의 진신이 머물고 있다는 남쪽 바다 한가운데 우뚝 솟은 보타락가산補陀落迦山이 경전 속의 상상 공간이 아니라 실제의 장소임을 믿게 합니다. 삼면이 바다로 둘러싸인 우리나라에는 이러한 입지의 절이 셋 있는데, 이곳 보문사와 남해의 보리암, 양양 낙산사의 홍련암이 그곳입니다. 이들을 일러 3대 관음기도 도량이라 합니다.

보문사의 창건주와 창건 시기는 정확한 기록으로 전해오지 않습니다. 절에 전하는 얘기에 따르면 신라 선덕여왕 4년635에 회정 스님이 창건했다

고 합니다. 내력인즉, 금강산 보덕굴에서 수행하던 회정스님이 이곳으로 와서 보문사를 개창하고 산 이름을 낙가落迦라 했다는 것입니다. 그런데 여기서 산 이름에 대한 정확한 이해가 필요할 것 같습니다. 실제로 보문사는 석모도의 허리께에서 서쪽으로 치우쳐 남북으로 길게 뻗은 상봉산316m의 서쪽 기슭에 자리잡고 있습니다. 따라서 낙가산은 상봉산의 이명으로 보거나, 보문사가 자리잡고 있는 부분을 상징적으로 낙가산이라 명명한 것으로 봐야 할 것입니다. 보문사가 위치한 부분만을 떼서 보기에는 독립된 산으로서의 요건이 약합니다. 낙가산을 상봉산과 전혀 별개의 산으로 본 글들은 산줄기 전체를 살피지 않은 듯합니다. 사소한 문제인 것 같지만 실제 지형과 동떨어진 이해는 낙가산의 존재를 추상화시키는 결과를 낳을 수 있습니다.

'보문普門'이라는 사명寺名은 관음도량의 신앙 정체성을 잘 드러냅니다. 〈법화경〉의 '관세음보살보문품'에 나오는 부처님의 말씀이 그것입니다. "선남자야, 만약 무량 백천만억 중생이 있어 온갖 고뇌를 받는다 해도, 관세음보살이 있음을 알고 일심으로 그 이름을 부르면 관세음보살이 그 음성을 알아듣고 모두들 고뇌에서 풀려나게 하느니라." 〈화엄경〉의 '입법계품'은 더 절절합니다. 관세음보살이 선재동자에게 이렇게 말합니다. "나를 생각하거나, 나의 이름을 부르거나, 나의 몸을 보는 이들의 모든 고통을 여의게 하고 그들로 하여금 위없는 깨달음을 발하게 하여 영원히 물러서지 않게 할 것이다." 수많은 기도객의 발길을 보문사로 향하게 하는 이

유가 여기에 있습니다.

대승불교의 꽃은 보살입니다. 관세음보살은 그 꽃 중에서도 꽃입니다. 구원의 보살이기 때문입니다. 이 대목에 이르면 혹자는, 특히 식자들은 '타력신앙'이니 '기복신앙'이니 하면서 비판의 날을 세웁니다. 하지만 그러한 비판은 관념의 유희이거나 철학적 사변이기 쉽습니다. 현실 속에서 육체뿐 아니라 정신적으로도 완전한 직립 보행자가 과연 몇 명이나 될까요? 일심으로 관세음보살을 부른다는 것은, 불완전한 네 발 짐승의 벌거벗은 욕망에 대한 응시입니다. 그것이 아니라면 '더 나빠질 것'이 없는 사람들의 처절한 존재 확인이겠지요. 설사 철저히 자기 욕심을 채우기 위한 것이라 할지라도, 백번 천번 절을 하다보면 조금은 비워질 테고, 옆 사람의 땀 냄새를 맡으며 '그래 나만 불행한 게 아니구나' 하는 위안을 얻을 수도 있겠지요. 그리하여 궁극에 가서 스스로가 관음일 수밖에 없다는 통찰에 이를 수만 있다면, 천번이 아니라 만번이라도 돌멩이 앞에 빌겠습니다.

물을 건네준 배를 뒤로 하고 홀로 남겨진다는 것, 그것만으로 이미 기도가 아닐까요? 그래서 관세음보살은 넓고 편한 땅을 마다고 바다 가운데 홀로 솟은 섬을 주처로 삼은 것인지도 모르겠습니다.

보문사의 창건 이후 조선 후기까지 역사는 지워졌습니다. 1812년조선 순조 12 유생 홍봉장의 도움에 의한 중창, 1893년고종 30 왕후 민비의 전교로 요사 중건, 1920년 대원 스님에 의한 관음전 중수, 1958년 춘성 스님의 석굴 개수, 1994년 조계종 직영사찰 지정 이후 무설혜중전 건립 등이 연혁의 대강입니다.

  현재의 전각은 극락보전을 중심으로 삼성각, 나한석불전, 범종각, 무설혜중전, 요사 등이 전부입니다. 이중 나한석불전인천 유형문화재 27호은 자연 석굴에 세 개의 홍예문을 만들고 바닷속에서 출현하였다는 전설을 지닌 삼존불상과 18나한상을 모시고 있습니다. 이것들로만 보면 보문사는 어딘가 빈 구석이 있어 보입니다. 하지만 극락보전 위 가파른 기슭에 자리한 마애관음상인천 유형무화재 29호을 만나면 관음성지로서의 면모를 실감할 수 있습니다. 1928년에 일명 눈썹바위 밑의 암벽에 조성한 마애불은 높이 920cm, 너비 330cm이며 후덕한 표정은 모든 중생의 비원을 다 들어줄 듯한 믿음을 줍니다. 이곳에서 바라보는 동터 오는 바다와 저무는 바다는 세상의 희로애락을 관조적 시각으로 바라보게 합니다. 관세음보살의 천수천안千手千眼은 근시안이나 대롱눈이 아닌 넓고 긴 안목을 일컫는 말인지도 모르겠습니다.

  마애불 옆으로 난 등산로를 따라 천천히 10분쯤 오르면 눈썹바위 위의 등성마루입니다. 보문사의 진면모를 볼 수 있는 곳입니다. 보문사는 결코 극락보전을 중심으로 한 한정된 공간이 아니라, 마애불상을 정점으로 하여 바다로 펼쳐지는 무량무변의 도량임을 알게 합니다.

  보문사에서는 격앙된 파도소리를 들을 수 없습니다. 바다 위로는 안개가 피어오릅니다. 진정 강한 것은 부드럽다는 관세음보살의 설법으로 듣습니다.

부처의
심지心地에 솟은
깨달음의 산

무등산 증심사

이 세상에서 가장 높은 산을 오릅니다. 무등산無等山을 오릅니다. 높이로만 치자면 히말라야의 에베레스트를 따를 수 있겠습니까만, 무등산은 애시당초 높낮이에 대한 미련을 버린 산입니다. 어찌 이 산을 세상에서 가장 높은 산이라 하지 않을 수 있겠습니까.

무등無等은 부처를 높여 부르는 말 가운데 하나입니다. 견줄 이가 없는 분이라는 뜻이겠지요. 하지만 나는 조금 다르게 생각합니다. 견줄 대상 자체를 하얗게 지워버린 분이기에 '무등無等'이 아닐까 하는 것입니다. 이리하여 무등산은 나에게 깨달음의 산으로 다가옵니다. 만물은 다 존귀하고 평등하다는 깨달음의 의미를 온몸으로 증언하고 있는 산이니까요. 어찌 이 산을 세상에서 가장 높은 산이라 하지 않을 수 있겠습니까.

불가佛家에서 이상적 인간을 이르는 표현 가운데 '무위진인無位眞人'이라는 말이 있습니다. 임제종의 개조인 중국 당나라 때의 선승禪僧 임제 의현?~867 스님이 보인 말입니다. 노장사상적 무위無爲가 아니라 무위無位입니다. 흔히 들 '차별 없는 참사람'이라고 풉니다. 일체의 분별을 다 물리치고 절대평 등의 경지를 노니는 이가 바로 '참사람'이라는 말이겠지요. 인류의 역사는 이러한 삶을 살아낸 이들을 성인이라 합니다. 차등差等의 세상을 무등無等으로 살아낸 사람들입니다.

어쩌면 무등산은 '유토피아'의 다른 이름인지도 모르겠습니다. 그러나 역설적이게도 무등산은 이 땅의 역사에 새겨진 온갖 차별과 소외의 상징 이기도 합니다. 다 아는 얘기입니다만 전라도 지방의 정치적 소외는 신라 가 통일을 한 후부터이겠지요. 백제 유민은 신라와 당나라에 끈질기게 저 항했고, 후삼국시대에는 무진주지금의 광주를 거점으로 한 후백제의 견훤이 왕건에 맞섰습니다. 결국 왕건이 직접 군사를 이끌고 평정했습니다. 왕건 은 고려의 태조가 된 후 개국 초기에 영암 출신의 도선 스님을 국사로 모 시는 등 유화의 몸짓을 보였습니다. 그러나 죽기 몇 년 전에 '태조 훈요 십 조'라는 것을 남겼는데, 그 여덟째 조목은 충청도 일부 지역과 전라도 사 람들에게는 벼슬을 줘서는 안된다는 당부였습니다. 조선시대와 일제강점 기에 걸친 수탈은 또 얼마나 심했습니까. 이러한 소외의 역사는 근대화 과 정에서 다시 반복되었습니다. 그리고 1980년 5월 18일. 저항의 강물은 소 외의 벽을 허물었습니다. 이것이 그날의 진실입니다. 우리 모두는 그것 을 알고 있습니다. 그러나 정치권력은 17년이라는 세월 동안 그날의 진실

을 외면했습니다. '광주사태'에서 '5·18광주민주화운동'으로 바뀌는 데 걸린 그 시간은, 뒤틀린 권력 의지가 우리의 삶을 어떻게 왜곡하는지를 보여주는 시간이기도 합니다. 무등산은 그 모든 것을 지켜보았습니다. 무수한 '권불십년權不十年'을 바라본 세월이기도 했습니다. 무등無等의 마음, 무차無遮의 마음이 아니고서는 불가능했을 것입니다. 우리는 지금 무등無等한 그 마음의 거처에 서 있습니다. '증심사證心寺'입니다.

불교에서는 수행의 과정을 신信·해解·행行·증證으로 표현합니다. 믿음에서 출발하여 이해로, 실천으로, 체득으로 나아가니, 곧 증證입니다. 깨달음입니다. 무등의 마음이 곧 증심입니다.

증심사는 신라 헌안왕 4년860에 철감 도윤798~868 선사가 창건한 절입니다. 선사는 9산 선문의 하나인 '사자산문'의 개산조이기도 합니다. 제자인 징효 절중 스님이 사자산 흥녕사지금의 영월 법흥사에서 스승의 선풍을 크게 떨쳤기 때문입니다. 절터를 닦을 때부터 선찰禪刹이었다는 얘깁니다. 그것에 대한 자부심은 오늘날까지 전해옵니다. 일제강점기 때 내선일치內鮮一致를 구호로 한국과 일본 불교의 뿌리가 같다는 주장을 할 때, 만해 한용운 스님 같은 분들은 전혀 다르다는 논지를 폈습니다. 일본은 염불종, 조동종 등이 주류를 이루면서 신도神道와 융합한 반면, 한국은 임제선을 중심으로 하는 선종이 주류였다는 것입니다. 그때 임제종 운동을 펼친 본거지가 바로 증심사였다 합니다.

이 땅의 대부분 사찰이 그러했듯, 증심사 또한 역사의 격랑을 따라 부침

했습니다. 고려 선종 11년1094에 혜조국사가 중창했고, 조선 세종 25년1443에 전라도관찰사 김방金倣이 삼창하였는데, 이때 오백나한을 조성했다고 합니다. 이후 정유재란 때 불타 버렸고 광해군 1년1609에 대규모로 중수했습니다. 그러나 한국전쟁 때 대부분 건물들이 다시 재로 바뀌었고 오백전만 불길을 피했습니다. 현존하는 조선조의 건물은 오백전이 유일합니다.

지금의 절 모습은 1970년 이후 꾸준히 복원을 해 온 결과입니다. 무등산 서쪽 기슭에 석축을 쌓아 터를 얻은 사역은 전형적인 산속 절의 모습입니다. 일주문을 지나면서부터 진입로는 성큼 키를 높이는데, 석축 위로 중심사의 얼굴격인 취백루翠白樓가 상승감을 부추깁니다. 취백루를 돌아 모퉁이 진입을 하면 곧장 네모꼴의 가운데 마당이 펼쳐집니다. 취백루와 마주한 대웅전을 중심으로 지장전과 행원당, 적묵당과 범종각이 마당을 둘러싸고 있습니다. 위엄 넘치지만 위압적이지 않습니다. 어디서 봐도 모나지 않은 무등산의 얼굴을 그려보기에 딱 좋은 마당입니다.

대웅전 뒤로 살포시 단을 높인 곳에는 오백전과 비로전이 좁고 긴 네모꼴을 이루며 기도 공간을 만듭니다. 오백전의 나한상은 저마다 다른 표정입니다. 부처를 이루지 못할 어떤 중생도 없다는 메시지로 읽어야 하겠지요. 비로전 뒤 산신각은 누각 형식을 빌리고 있는데 엉덩이를 살짝 산허리에 걸치고 있습니다. 산을 허물지 않고 알뜰히 공간을 활용한 모습은, 인간이 어떤 마음으로 자연과 한 몸을 이루어야하는지를 알게 합니다. 낮은 목소리지만 크게 울리는 무등산 산신의 육성입니다.

백두대간의 영취산에서 솔가한 호남정맥이 섬진강을 살찌우면서 내장산까지 서남쪽으로 내달리다가 곧장 남하하여 호남의 가장 깊숙한 곳에 솟구친 산, 무등산1187m입니다. 호남정맥에서 장수의 장안산1237m과 광양의 백운산1218m에 이어 세 번째로 높은 산이지만 도무지 그런 높이가 느껴지지 않습니다. 워낙 두루뭉술한 흙산인데다 주름도 많지 않기 때문일 것입니다. 이런 산의 면모는, 광활한 억새 벌판을 이루고 있는 장불재 위에서 정상을 바라보면 더욱 실감이 납니다. 중봉과 천왕봉과 규봉은 커다란 세 개의 무덤처럼 보입니다. 한으로 치면 깊이를 가늠할 길 없는 한을 저민 무덤이겠지요. 그런데도 왠지 그 모습은 일대사를 마친 한도인閑道人의 풍모를 느끼게 합니다. 장불재의 억새 벌판도 일제의 소나무 수탈이 남긴 상처지만, 너무 평화롭습니다. 무등無等한 마음 덕분이겠지요.

한때 무등산은 무당산, 무진악, 무악으로 불렸습니다. 고려 때부터 서석산瑞石山이라는 이름과 함께 무등산이라 불렸다 하는데, 훗날 있을 5월의 비극을 예견한 증심사의 부처님이 '상서롭게 빛나는 돌산'이라는 뜻의 '서석'이라는 이름은 감추어 버린 것인지도 모릅니다. '무등無等의 마음'이 아니고는 모진 세월을 건널 수 없다는 것을 알았을 테니까요. 어쩌면 무등산은 일찍이 증심사에서 해탈을 하고 그 '사리'로 서석대와 입석대, 광석대를 이루었는지도 모를 일입니다. 하지만 나는 언감생심 차등差等의 세상을 무등無等으로 살아낼 형편이 못 됩니다. 이런 내 마음, 증심사에 두고 가야 할 것 같습니다.

산사에서 듣는
하늘과 땅이 함께 부르는
가을노래

공작산 수타사

볕! 태양의 기운을 이 말만큼 온전히 담아내는 말은 또 없을 것 같습니다.
빛! 이 말 또한 태양에 뿌리를 두고 있지만, '볕'이 담고 있는 '온기'를 품고
있지 않습니다. 빛은, 봄 여름 가을 겨울 변함없이 사물을 비추어 보이기
만 할 뿐입니다. 빛이 태양의 이성이라면 볕은 태양의 감성입니다.

볕 좋은 계절입니다. 함빡 붉은 고추, 천하태평으로 누런 들판의 벼, 색
색으로 물들어가는 풀과 나무…. 가을에 하늘이 높아가는 건, 자신이 빚어
놓고도 믿기지 않은 듯, 한걸음 물러서서 세상이 얼마나 아름다운지를 살
피기 위해서가 아닐까 합니다.

이런 계절에는 여행을 떠나야 합니다. 내면으로 침잠할 경우, '자기연
민'이라는 치명적 함정에 빠질지도 모릅니다. '볕의 감성'으로 신들메를
조이고 산수간을 거닐어야 합니다. '보이는 그대로가 진실'인 자연의 품에

서는, 인간사에서 작동하던 두뇌 기능이 정지됩니다.

사실 산수간을 거닌다고 해서 인간과 자연의 관계가 긴밀해지는 것은 아닙니다. 이미 인간에게 자연은 대상화된 존재이니까요. 그나마 따뜻한 관계를 맺고 있는 곳이 있다면 절집일 겁니다. 특히 수타사처럼 아주 크지도 작지도 않은 절은 쭈뼛거림 없이 자연에 동화되게 합니다. 절집도 사람을 압도하지 않고 주변의 산세도 편안하기 때문일 것입니다.

공작산 기슭, 흔히 수타사계곡으로 불리는 덕지천 상류에 이르자 화강암으로 만든 다리가 일주문인 양 절의 입구를 알립니다. 그때까지도 절은 지붕만 살짝 보여줍니다. 지극히 평범한 모습으로 있다가 결정적 순간에 살짝 정체를 드러내는 고수의 거동 같습니다.

절의 정문 격인 봉황문 앞에 서자 절로 걸음을 멈추게 됩니다. 봉황문 사이로 홍화루, 홍화루의 기둥 사이로 대적광전이 중첩되면서 만들어지는 공간의 깊이는 혼을 쏙 빼놓을 만큼 흡인력이 강합니다. 봉황문의 판벽이 만들어 내는 폐쇄감이 통로의 개방성을 극적으로 부각시킵니다. 더욱이 지세의 흐름에 따라 상승하는 홍화루와 대적광전을 한 축에 배치하여 단 한번의 시선으로 곧장 비로자나불의 세계로 나아가게 합니다. 절대 미감을 보여주는 프레임 구실을 하는 절집의 문루는 많습니다만, 이렇게 작은 규모의 절에서 깊으면서도 날렵한 공간감을 보여 주는 경우는 드뭅니다.

봉황문을 지날 때, 한순간 빛이 차단됩니다. 이어서 환히 열리는 공간은, 홍화루 너머가 그야말로 대적광大寂光, 즉 빛의 부처인 비로자나의 세계

임을 몸으로 느끼게 합니다.

홍화루는 이름처럼 누각이 아니라 단층으로 된 맞배집입니다. 문루가 아니면서 루樓라고 이름 붙인 까닭은 상징적 의미와 기능적 의미에서 찾아야 할 것입니다. 먼저 상징적 의미를 보자면, 고창 선운사의 만세루처럼 누각은 아니지만 사실상 누각이 있어야 할 곳에 서서 다음에 전개될 공간이 불계佛界임을 알리는 문루 구실을 한다는 것입니다. 그런데 왜 2층으로 짓지 않았냐 하면, 산지 가람이지만 기울기가 가파르지 않아서 다른 전각과 조화와 균형을 이루기 위해서입니다. 절집에서는 이런 경우가 드물지 않습니다. 다음으로 기능적 의미는 가운뎃마당을 구획하고, 왼쪽으로든 오른쪽으로든 주불전으로 나아갈 때 전개되는 공간에 입체감을 부여하기 위해서입니다. 이런 식의 진입 방법을 모퉁이 진입 즉 우각隅角 진입이라고 합니다. 이에 더하여 실용적인 기능은 마당의 연장으로서 대규모의 법회가 있을 때 사람들을 수용하는 역할을 합니다.

홍화루를 지나면 가운뎃마당입니다. 전면으로 대적광전과 원통보전, 왼쪽으로 백연당, 오른쪽으로 심우산방이 긴네모꼴 마당을 이룹니다. 본디는 주불전인 대적광전을 중심으로 바른네모꼴이었으나 1992년에 원통보전을 새로 지으면서 모양이 바뀌었습니다. 대적광전보다 원통보전이 상대적으로 너무 커서 기형적으로 보이긴 합니다만, 대적광전이 좁기 때문에 예배 공간을 확보하기 위한 고육지책이었을 것입니다. 미학적 고려보다는 예배공간으로서 신앙적 필요가 더 컸기 때문이겠지요. 충분히 이해

는 가지만 조금 아쉽습니다. 하지만 이런 부조화 때문에 대적광전강원도 유형
문화재 제17호의 단아함이 더욱 돋보입니다. 조선시대 양식으로 추정되는 다
포집이지만 공포가 간결하고 소박하여 더 정감이 갑니다. 기단석은 다듬
은 돌이지만 기둥 아래의 주초는 막돌입니다. 창건 이후 사라졌다가 다시
세워진 역사의 흔적입니다.

수타사는 본디 신라 성덕왕 7년708에 일월사란 이름으로 우적산에 창건
된 절입니다. 이후 조선 선조 2년1569에 공작이 알을 품고 있는 형국의 명
당이라는 현 위치로 옮기고 수타사水墮寺로 이름을 바꾸었습니다. 그러나
임진왜란 때 모두 잿더미로 바뀌고 말았습니다.

수타사가 오늘의 모습으로 다시 세워진 것은 1632년인조 10에 공잠工岑 스
님이 대적광전을 중수하면서부터입니다. 이어서 1644에 학준 스님이 선
당, 1647인조 25년에 계철과 학준 스님이 승당, 1658효종 9년에 승해 스님 등이
홍화루, 1674현종 15에 법륜 스님이 봉황문을 세웠습니다.

1881순조 11년에는 아미타불의 무량한 수명을 상징하는 현재의 이름인 수
타사壽陀寺로 바뀌었습니다. 일월사를 현 위치로 옮기고부터 절 옆 계곡의
소에 해마다 스님이 한 명씩 빠져 죽는 변이 생겼는데, 도참圖讖에 밝은 한
스님이 절 이름자가 '물 수水에 떨어질 타墮'이기 때문에 그렇다 하여 지금
의 이름으로 바뀌었다는 얘기가 전합니다.

근래에 들어서는 1976년에 심우산방을 중수하고, 1977년에 삼성각을
세웠으며, 1992년에 원통보전을 건립하여 오늘에 이릅니다.

수타사를 둘러싼 자연 경관도 수타사처럼 단아하면서도 흡인력이 강합니다. 수타사 계곡은 여름철에 물놀이하기 좋은 곳으로 이름나 있지만 계곡을 따라 흐르는 오솔길이 더 운치가 있습니다. 수타교를 건너기 전 왼쪽으로 계곡을 따라 흐르는 길은 산책하기에 더없이 좋은 길입니다. 아름드리 소나무가 충직한 호위병처럼 숲으로 드는 길을 알려 줍니다. 계곡으로 내려서기도 하고 기슭이 야박한 곳에서는 산을 허물지 않고 철제 다리를 놓아 계곡을 따라 오릅니다. 마음 내키면 곧장 계곡으로 내려가 반석 위에 앉아 탁족濯足을 즐길 수도 있습니다.

수타사 계곡은 깎아지른 절벽 아래로 기암괴석이 즐비한 계곡은 아닙니다. 산세에 비해서 상당히 넓고, 반석으로 흐르는 물이 편안합니다. 군데군데 물살이 바위를 가르고 소를 만들어 놓은 곳이 많아서 눈으로 다가오는 즐거움도 큽니다.

수타사계곡을 따라 걷노라니, 산수간을 노닌다는 말이 딱 이런 것이구나 하는 것을 느끼게 됩니다. 눈 아래로는 편안한 계류, 눈을 들면 기분 좋게 솟구치는 산. 마침 단풍이 들기 시작하는 나무들은 물이 줄어서 바닥을 드러낸 계곡을 배경으로 자신의 존재감을 한껏 뽐냅니다.

다시 절로 돌아오니 봉황문의 추녀에 가을볕이 가득 고여 있습니다. 추녀 끝의 연화문이 막 피어난 듯 화사합니다. 하늘과 땅이 함께 부르는 가을노래입니다.

느티나무 아래서 만난
아미타부처

운주산 비암사

먼눈바라기만 해도 다가가 안기고 싶은 나무가 있습니다. 흔히 우리가 정자나무라고 부르는, 오래된 마을의 동구에 선 느티나무를 볼 때마다 드는 생각입니다. 그 나무는 당산나무이기도 합니다. 마을의 수호신입니다. 외출이라도 할라치면 그 나무를 보며 '잘 다녀오겠습니다'하고 인사를 드렸을 테고, 무사히 다녀와서는 '잘 다녀왔습니다'하고 속 인사를 했을 것입니다. 혹 나그네가 마을을 찾을 때도 그 나무를 보며 매무새를 고쳤을 것이고, 스쳐 지나는 길이라면 땀을 식히며 다리쉬임을 했겠지요.

느티나무가 정자나무로 혹은 신목神木으로 기림을 받은 이유에 대해서는 상식만으로도 이해할 수 있지 않을까 싶습니다. 우선 동구에는 으레 마을을 감싸며 흐르는 개울이 있게 마련인데, 축축한 곳을 좋아하는 느티나무의 생리와 궁합이 맞습니다. 큰물이 날 경우 둑을 튼튼하게 해 주는 역할도 무시할 수 없을 겁니다. 거기에다 오래 살기까지 합니다. 현재 천연기념물로 지정하여 보살피는 나무만도 열아홉 그루2010년 기준나 됩니다.

느티나무는 사계절 다른 모습으로 사람들을 어루만져 줍니다. 봄이면 하늘이 비치는 연녹색 잎으로 겨우내 얼어붙었던 심신에 활력을 줍니다. 여름이면 짙푸른 잎으로 서늘한 그늘을 드리웁니다. 은근하게 노란 가을 단풍은 차분하게 겨울을 준비하게 하지요. 그리고 겨울, 잎 다 내려놓아 허허로운 모습은 열심히 뿌리고 거두었으니 겨우내 푹 쉬라고 등을 두드려 줍니다.

먼눈으로 느티나무를 보면 왜 이 나무가 신목神木으로 기림을 받는지를 쉽게 알게 됩니다. 너무 나이가 들어 가지가 상한 경우가 아니면 거의 둥근부채 모양인데, '우주나무'로 딱 어울리는 모습입니다. 하늘 아래 작은 하늘을 보는 것 같습니다. 옛사람들은 그 모습을 보며 딱히 의식을 하지 않고도 하늘과 소통하는 통로로 여기지 않았을까 싶습니다.

절 찾아 가는 길에 느티나무 얘기가 길었습니다. 까닭인즉, 비암사와 첫 대면을 하는 순간 가장 먼저 눈에 들어온 느티나무가 너무 강렬하게 마음을 사로잡았기 때문입니다.

비암사는 널리 알려진 절이 아닙니다. 국보 제106호 계유명 전씨 아미타불 삼존 석상국립청주박물관 소장, 보물 제367호인 기축명 아미타여래 제불보살 석상국립중앙박물관 소장, 보물 제368호 미륵보살 반가 석상국립중앙박물관 소장이 이 절에서 발견되면서 주목받기 시작했습니다. 현재 절에는 이들의 조악한 플라스틱 모조품만 있습니다. 발견 당시 절이 워낙 쇠락한 상태였고, 보존의 편이성 때문에 박물관에 소장된 것이므로 이를 시빗거리로 삼을 생각은 없습니다. 하지만 종교적 의미가 거세된 박제화된 문화재의 발견지였다는 것을 대단한 자랑거리로 내세우는 것은 바람직해 보이지 않습니다. 본질적으로 절은 불상이나 건물 구경하는 곳이 아니기 때문입니다. 그것이 국보급 문화재여도 크게 달라질 것은 없습니다. 부석사의 무량수전이나 봉정사 극락전이 세인의 찬사를 받는 것은 그것이 국보이고 고건축의 걸작품이기 때문이기도 하지만, 그것보다 더 중요한 의미는 '지금도 비바람을 맞으면서 살아있는 건물로 제구실'을 하기 때문입니다. 만약 보존의 중요성만을 내세워서 사람들의 접근을 막는다거나 통째로 옮겨서 박물관에 보관한다면 그것은 껍데기에 지나지 않습니다.

금강경에 이르기를 "만약 형상으로 나를 보려 하거나 음성으로 나를 찾으려 하면, 이는 사도를 행함이니 여래를 보지 못할 것若以色見我 以音聲求我 是人 行邪道 不能見如來"라 했습니다. 불교 신자가 아닌 사람에게도 이 말은 진리일 것입니다. 절은 심란心亂을 잠재워 형상 너머의 본질을 보는 곳입니다. 불교 문화재는 문화재 일반의 의미와 다른 특수성이 있습니다. 결코 보존의 중요성을 가벼이 여겨서 하는 말이 아닙니다. 나는 불교 문화재의 보존 가

치와 종교적 구실의 중요성이, 양립 가능한 가치라고 믿습니다.

비암사는 백제재건운동의 상징적 사찰입니다. 앞서 언급한 '계유명 전씨 아미타불 삼존 석상'에 "전全씨들이 마음을 합쳐 아미타불과 관세음, 대세지보살상을 삼가 석불로 새긴다. 계유년 4월 15일 (중략) 목木 아무개 대사 등 50여 선지식이 함께 국왕, 대신, 7세七世 부모의 영혼을 위해 절을 짓고 이 석상을 만들었다."는 내용이 기록돼 있습니다. 이를 근거로 향토사학자들이 1983년부터 4월 15일에 백제 유민들의 혼을 달래는 제를 지내기 시작했고, 1985년부터는 백제대제라는 이름으로 지역 문화제인 도원문화제의 개막 행사로 봉행한다고 합니다.

비암사의 창건 시기와 창건주에 대해서는 전해오는 기록이 없습니다. '아미타불 삼존 석상'에 기록된 계유년을 기준으로 삼으면 절대 연대를 673년으로 볼 수 있습니다만 확정하기는 힘듭니다. 이미 존재하는 절에 아미타삼존상만 새겨서 모셨을 수도 있기 때문입니다. 또한 현재 극락보전 앞 안내판에는 통일신라말 도선 스님이 창건했다고 적혀 있지만 후대의 가탁인 것으로 보입니다.

비암사碑岩寺라는 절 이름도 어디에서 연유했는지 정확히 전해오는 바가 없습니다. 1960년에 황수영 박사가 극락보전 앞 삼층석탑에 모셔져 있던 '아미타불 삼존 석상'을 비롯한 '비석처럼 다듬은 돌'에 새겨진 불보살상을 발견하면서 비롯됐다는 추정이 가장 설득력이 있습니다. 신증동국여지승람 전의현 편에 '운주산雲住山에 운점사雲岾寺가 있다'는 기록을 근거로 원래 이름을 운점사雲岾寺로 보는 견해도 있으나, 운점사雲岾寺와 현재의 비암사가 같은 절이었는지를 확정할 근거는 없습니다. 실제 지형을 보면 현재의 운주산460m은 비암사와 상당히 떨어져 있는데다 조천이 둘 사이를 갈라놓고 있기 때문입니다. 현 비암사는 호서정맥의 가지 줄기에 속한 금성산418m 남서쪽 자락에 자리해 있습니다. 어쨌든 비암사는 1,300년이 넘은 고찰인 것만큼은 분명해 보이고, 그 연원을 밝히는 데 '아미타불 삼존 석상'이 절대적 역할을 했습니다. 하지만 앞서 얘기했듯이 그것이 현재 비암사의 존재 의미와는 실제적 관계가 없습니다. 설사 그것이 절에 보관돼 있다 해도 크게 달라질 것은 없습니다. 존재하는 모든 것은 변하게 마련이고, 현재 그것이 이 세상에 어떤 의미를 갖는지가 더 중요합니다.

언젠가 이태준 선생의 〈무서록〉을 다시 읽다가 참으로 나를 부끄럽게 하는 글을 만났습니다. 그동안 절에 관한 글을 쓰면서 근거 없는 전설이나 문헌 자료를 앵무새처럼 주워섬긴 태도를 심각히 반성하게 하는 계기가 된 글이었습니다. 일부를 옮겨 보겠습니다.

"한 사람이라도 좋다. 자연에 대한 솔직한 감각을 표현하라. 금강산에 어떠한 문헌이 있든지 말든지, 백두산에서 어떠한 인간의 때문은 내력이 있든지 말든지, 조금도 그 따위에 관심을 기울일 것 없이 산이면 산대로, 물이면 물대로 보고 느끼고 노래하는 시인은 없는가? 경승지에 가려면 문헌부터 뒤지는 극히 독자獨自의 감각력엔 자신이 없는 사람은 예술가가 아니다. (…)

금강산은 금강산이라 이름 붙여지기 훨씬 전부터, 태고 때부터 엄연히 존재했던 것이다. 옥녀봉이니 명경대니 하는 이름과 전설은 가장 최근의 일이다. 본래의 금강산과는 아무런 관계도 없는 그야말로 '무근지설無根之 說'이다. 소문거리의 '모델'로서의 금강산, 일만이천봉이니 12폭포니 하고 계산된 삽화로서의 금강산을 보지 못해 애쓸 필요가 무엇인가.(…)"

다시 비암사의 첫 인상으로 돌아가겠습니다. 비암사의 느티나무는 일주 문이고, 천왕상이고, 살아있는 절의 역사입니다. 나무 옆 안내판의 설명대 로라면 나이가 800살이 더 되는데, 고려 고종 대인 1200년대부터 살았다 는 얘기가 됩니다. 절 마당의 고려 양식 3층 석탑충남 유형문화재 제119호과 함께 절의 대대적 중창을 알게 합니다. 그런데 이름난 도요지였던 이 일대전의면 금사리는 모조리 왜군들에게 끌려갈 정도로 피해가 극심했고 절 또한 화를 입었는데, 이 느티나무만은 멀쩡했다는 사실도 예사롭지 않습니다. 왜군 들도 외경을 떨치지 못했던 모양입니다. 하지만 왜군들은 그 외경의 외연 을 인간에까지 넓히지는 못했습니다. 예나 지금이나 인간사의 비극은 그 것에서 비롯됩니다.

자연에서 신성을 보고 경이를 느낄 때, 그 마음자리가 극락이 아닐까 하는 생각을 해 봅니다. 비암사 느티나무에서 아미타부처님의 현신을 봅니다.

비암사의 느티나무는 일주문이고,

천왕상이고, 살아있는 절의 역사입니다.

자연에서 신성을 보고 경이를 느낄 때,

그 마음자리가 극락이 아닐까 하는 생각을 해 봅니다.

비암사 느티나무에서

아미타부처의 현신을 봅니다.

세상의
들끓는 욕망을
비추는 거울

백봉산 묘적사

호모 루덴스Homo Ludens. 인간을 특징짓는 말 가운데 하나로, '유희하는 인간'이라는 뜻이라지요. 네덜란드의 문화사학자 J. 호이징가Huizinga johan, 1872~1945가 제시한 인간 규정입니다. 호이징가는, '유희'에서 '문화'의 기원을 찾으면서 '호모 루덴스'라는 말을 했습니다. 문화를 유희의 상위에 두는 기왕의 견해를 뒤집으면서 이 말을 처음 썼습니다. 원초적으로 문화는 유희로서 발달했다는 것입니다. 수긍이 갑니다. '이성'을 인간의 고유한 특징으로 본 '호모 사피엔스'라는 인간 규정이 그러하듯이 말입니다.

'호모 루덴스'라는 말을 '놀 줄 아는 인간'으로 바꾸어 보겠습니다. 쉽게 개념이 잡히지 않습니까? 물론 '놀이'가 인간만의 고유한 특성은 아닙니다. 곰도 원숭이도 개도 고양이도, '놀 줄' 압니다. 심지어는 머리 나쁜 얘기만 나오면 비유로 드는 닭도 사람에게 장난을 걸어오는 걸 본 적이 있

습니다. 하지만 인간의 놀이에 대한 집착은 유별납니다. '로또'를 보십시
오. '놀이'로 사냥을 즐기는 동물도 인간이 유일하지 않을까 싶습니다. 예
가 좀 그렇습니다만, 종족 보존을 위한 목적이 아니라 오로지 즐기기 위해
서 암수가 엉키는 동물은 인간이 유일할 겁니다. 인간은 '발정기'가 없는
동물입니다.

변죽이 길었습니다. 지나친 일반화인지 모르겠습니다만, 한 사회의 성
숙도를 알려면 구성원들이 '무엇을 어떻게 하고 노는지를 보라'는 말을 하
기 위해서 여기까지 왔습니다.

덕소역을 지나 86번 국도를 타고 묘적사 계곡 입구에 닿을 때까지 피서
철 치고는 길 사정도 좋았습니다. 소풍 가는 아이 기분으로 묘적사 계곡
으로 들어섰습니다. 그러나 역시, 절까지 1.6km에 이르는 계곡 옆 찻길은
양쪽 모두 차들로 빼곡했습니다. 입구에서 차를 버리고 걷기로 했습니다.

계곡엔 사람들로 빼곡했습니다. 아니, 사람들 사이를 비집고 간신히 계
곡이 흐르고 있었다는 표현이 옳겠습니다. 넓고 깊은 계곡은 아니었습니
다만 숲이 무성해서 더위를 식히기에는 그만이었습니다. 삼겹살 굽는 냄
새가 진동하고 있었습니다. 그 속에서도 아이들 웃음소리는 새 소리 같았
습니다. 그래, 이 예쁜 것들을 위해서 어른들이 끌려나왔겠지. 그래, 서민
들에게 이런 즐거움조차 없다면 산다는 일이 너무 팍팍하겠지 하는 생각
을 하자 한결 마음이 가벼워졌습니다. 그러나 또 그러나, 올라갈수록 이건
아니다 싶은 모습들이 너무 자주 눈에 띄었습니다. 아래에 아이들이 놀고

있는데도 개고기의 핏물을 천연스럽게 흘려보내고 있었고, (개고기 먹는 행위에 대해서 시비할 생각은 없습니다), 세제로 그릇을 닦습니다. 슬펐습니다. 타인에 대한 배려라고는 털끝만큼도 없는 모습이 슬펐습니다. 그 모습이 아이들에까지 세습될까 봐 우울했습니다.

이런 인디언 격언이 있습니다. "만일 가난한 자가 외관뿐만 아니라 정신적으로도 가난하다면, 죽는 날까지 가난한 사람 말고 다른 무엇이 되겠는가?" E.T. 시튼 편, 〈인디언의 복음〉 가난해도 품격을 잃지 않을 수는 정녕 없는 것인지요.

마침내 전나무 숲 사이로 묘적사가 모습을 드러냈습니다. 계곡에서 불과 100미터 정도도 떨어지지 않았는데, 그곳은 전혀 다른 세계였습니다. 참으로 역설적이게도, 유명한 산 속 사찰보다도 더 한가했습니다. 계곡은 먹고 마시는 사람들로 무아경이었다면 그곳은 말 그대로 신묘하리만큼 적막寂寞했습니다. 의아할 정도로 계곡의 사람들은 절에는 관심이 없었습니다. 가끔 연못을 기웃거리다 절 마당을 둘러보는 사람들이나 아예 윗옷을 벗어제낀 채 도량을 활보하던 사람들이 스님의 나직한 꾸지람을 듣고 사라지는 정도였습니다. 남의 집 마당을 기웃거려도 이럴 수는 없을 겁니다.

계곡과 묘적사의 극명한 대비는 참 많은 것을 생각하게 했습니다. 역시 세상은 빛과 그림자로 존재하는 모양입니다. 우리 마음속에 지옥과 극락을 품고 살듯이 말입니다.

'니르바나'를 생각해 봅니다. 본디 니르바나는 '불어 끈다'는 뜻입니다. 번뇌를 소멸시킨다는 것이지요. 그 상태가 곧 적寂입니다. 해탈이고 열반입니다.

묘적사의 적막이 제게 말합니다. 개고기의 핏물을 보고 분개하는 네 마음도 그것과 다르지 않다고. 적멸의 '빛'은 '그림자'를 상대한 빛이 아니라는 것을 어렴풋이나마 알겠습니다. 묘적사는 세상의 들끓는 욕망과 번뇌를 비추는 '거울'이었습니다.

묘적사의 역사는 기록으로 전하여 오지 않습니다. 절에 전해오는 바에 따르면 신라 문무왕 대661~690에 원효 스님이 창건하였다 하나 문헌 근거는 없습니다. 초창 이후의 문헌 근거는 〈동국여지승람〉 양주목 불우佛宇조에 "묘적사는 묘적산에 있는데, (이에 관해) 김수온金守溫이 기록한 글이 있다 妙寂寺在妙寂山金守溫記"고 적혀 있습니다만, 그 기록의 내용에 대한 구체적 언급은 없습니다. 또 같은 책의 양주목 산천山川조에는 소요산과 나란히 언급하면서, "묘적산은 주 동쪽 70리 지점에 있다"고 적혀 있습니다. 동국여지승람이 편찬된 때가 1484년성종 17이니 최소한 그 전에는 절이 존재했다는 얘깁니다. 절의 연대를 더 위로 볼 수 있는 근거는, 고려 양식을 모방한 대웅전 앞의 팔각칠층석탑향토유적 제1호이 조선 초기에 제작된 것으로 추정되기 때문입니다. 대웅전 앞의 장대석으로 보면 최소한 조선 초기에 왕실의 지원으로 대대적인 중창이 됐거나 그보다 훨씬 전에 초창된 것으로 볼 수 있습니다. 조선시대에 들어서는 궁궐 외에는 다듬은 장대석을 쓸 수 없었습니다.

　한편 간신히 명맥만 유지하던 절을 1974년부터 오늘의 모습으로 가꾸어 온 주지 스님은 원효 스님의 창건설을 믿습니다. 마을에 구전되는 얘기에 의하면, 요석 공주가 이곳에 머무는 원효 스님을 찾아와서는 차마 절로 들어오지는 못하고 마을에 머물며 간절히 만날 수 있기를 원했다고 합니다. 지금도 그곳을 '원터'라고 부른답니다. 그런데, 이를 안 원효 스님이 소요산 자재암으로 피했지만 결국 그곳에서는 요석 공주를 만났다는 것입니다. 〈동국여지승람〉에도 소요산과 묘적산이 나란히 언급되는 걸로 보아, 당시 지역민들에게는 사실로 받아들여진 설화인 것 같습니다. 또한 스님은 지역의 노인들로부터 전해들은 얘기를 통해, 조선시대에 임진왜란과 병자호란을 거치면서 이 곳이 왕의 밀명에 의해 승려로 위장한 군사 양성소였다는 믿음을 갖고 있습니다. 실제로 절 앞의 공터에서 화살촉이 발굴되기도 했다고 합니다. 스님은 이에 대한 믿음의 끈을 놓지 않고 호국 도량으로 복원하기 위해 절집을 일으켜 왔으나 그 뜻을 실현시키지는 못했다고 아쉬워했습니다. 하지만 우리들로선 사실 여부를 떠나 호젓한 도량 하나를 얻은 복을 누립니다.

　묘적사는 작은 절입니다만 아주 독특한 건물 양식으로 자연과 잘 어우러져 있습니다. 대웅전을 중심으로 마하선실과 요사가 바른 네모꼴 마당을 이루었는데, 대웅전을 제외한 모든 건물의 기둥과 부재들이 다듬지 않은 나무로 지어졌습니다. 수호신장처럼 선 도량의 아름드리 은행나무는 가을에 이곳을 찾는 사람들에게 황홀한 정취를 선물합니다. 대웅전 오른쪽에서 사람들의 발길을 이끄는 보리수를 따라가 보면, 산령각으로 오르는 계단이 나타납니다. 휘어 도는 모양새가 짧은 길을 대단히 깊어 보이게 만듭니다. 돌담으로 둘러싸인 안온한 분위기의 산령각 마당도 하염없이 앉아 있고 싶게 만드는 분위기입니다. 묘적사는 그렇게, 이 세상의 들끓는 욕망을 응시하게 하는 거울로 서 있습니다.

"만일 가난한 자가

외관뿐만 아니라 정신적으로도 가난하다면,

죽는 날까지 가난한 사람 말고

다른 무엇이 되겠는가?" E.T. 시튼 편, 〈인디언의 복음〉

가난해도 품격을 잃지 않을 수는 정녕 없는 것인지요.

노송老松이
바람되어 춤추는
적멸의 땅

영축산 통도사

좋은 시詩는 설명하지 않습니다. 이해시키려 들지도 않습니다. 읽는 이의
마음속으로 그냥 다가갈 뿐입니다.

　누구나 가끔 '아, 참 좋다'는 말 말고는 달리 표현할 길 없는 풍경을 만날
때가 있습니다. 그런 풍경에 대한 감응 방식은 좋은 시를 만났을 때와 다
르지 않습니다. 이왕 시 얘기가 나왔으니 한 편 보고 가겠습니다.

　까닭 없이 천기를 누설하면서
　떨어지는 저 빗소리 다정하기도….
　앉고 누워 무심히 듣는 소리가
　귀를 써서 듣는 것과는 아예 다르네.

無端漏洩天機 滴滴聲聲可愛

坐臥聞似不聞 不與根塵作對

　　진각국사眞覺國師, 1178-1234의 '밤비'라는 시를 이원섭 시인이 옮긴 것입니다. 어설프게 끼어들 여지가 없는 시입니다만, "앉고 누워 무심히 듣는 소리가/귀를 써서 듣는 것과는 아예 다르네."라는 대목에서는 한 마디 거들고픈 치기를 누르고 싶지 않습니다. 떠버리들이 흔히 말하기 좋아하는 '물아일체物我一體'니 '우주와 합일'이니 하는 경지를, 거창한 단어 하나 쓰지 않고도 우리 앞에 그대로 펼쳐 보입니다. '봐라, 너희들도 순간순간 우주와 한몸을 이루며 살고 있지 않느냐.'하고 말하는 것 같기도 합니다. 도인과 범부의 차이는 이런 것이겠지요. 누구나 경험하는 '분별이 무너진 자리'를 무심히 지켜나가며 사는가, 끝없이 부딪치며 갈등하고 아등바등하는가, 바로 거기에 있겠지요.

　　통도사通道寺 가는 길은 무심해야 할 것 같습니다. 도道로 통하는 길이니까요.

　　통도사는 참 큰 절입니다. 십수 년 전 처음으로 통도사에 갔을 때의 첫 느낌도 그랬고 이번에도 마찬가지였습니다. 그런데 이번에는 거기에 더하여 참 '깊은' 절이라는 걸 알게 되었습니다. 그 깊이는 영축산1081m의 우람한 골기와 진입부의 춤추는 노송에서 비롯됩니다. 그 길을 걸어보지 않고는 통도사의 참맛을 느낄 수 없습니다. 자동차를 고집하면 그 길을 놓치기 쉽습니다.

경부고속도로 통도사I.C.에서 경남 양산시 하북면으로 접어들어 다닥 다닥 붙은 건물 사이 복잡하고 좁은 도로를 벗어나면 곧바로 영축산문이 열립니다. 영축산이 저잣거리로 거의 다 내려온 형국입니다. 세속과 아주 '가깝게 먼' 절이 통도사입니다.

흔히 절은 산과 짝하여 그 이름이 불려집니다. 영축산 통도사, 가야산 해인사, 태백산 부석사 하는 식으로 말입니다. 그러나 실제로 산과 절이 일치하지 않는 곳도 있습니다. 부석사 같은 경우는 봉황산 기슭에 있지만 그 일대를 대표하는 산인 태백산을 절 이름 앞에 내 겁니다. 하지만 영축산은 먼발치에서부터 혼연히 하나 된 모습을 보여 줍니다. 영축산문이라는 편액을 단 매표소 앞에서 고개를 들면 지붕선 위로 하늘을 받치고 선 듯한 영축산의 스카이라인은 범부의 눈으로도 과연 부처의 진신이 깃들 만한 곳이라는 걸 느끼게 합니다.

매표소를 지나서 무풍교를 건너는 찻길을 버리고 오른쪽으로 난 숲길로 들어서면 통도사는 맨가슴으로 객을 맞아줍니다. 아니, 이 길에서부터는 주객의 경계가 지워집니다. 1Km 남짓한, 드물게 아름다운 소나무 숲길입니다. 이른바 통도팔경의 하나인 '무풍한송舞風寒松'이라는 시적인 이름에 값하는 노송들이 바람의 춤사위를 펼쳐 보입니다. 꼿꼿이 우람한 나무, 용틀임하는 나무, 곧 땅으로 드러누울 듯 휘어진 소나무들이 천연스레 어우러져 있습니다. 바람의 무애무無碍舞입니다. 원효 스님이 서라벌 저잣거

리를 누비며 추었다는 '무애무'도 이런 모습이었을 테지요. 그 모습을 보며 한 생각을 해 봅니다. 사람이 한 백년을 살고 나면 어느 정도의 깊이를 보여 줄 수 있을까? 벽에 '똥칠'만 안 해도…, 하는 결론에 닿는 데는 1초도 걸리지 않습니다.

소나무 숲을 다 지나면 계곡 옆으로 활짝 시야가 열리면서 '靈鷲叢林영축총림'이라는 편액을 단 문이 모습을 드러냅니다. 오른쪽 기슭으로는 역대 고승들의 부도가 또 하나의 숲을 이룹니다. 잘 살다간 이들의 뒷모습입니다. 절 입구의 부도전은 낯설지 않습니다. 내소사와 월정사, 선암사 등 헤아릴 수 없을 정도입니다. 그러나 규모면에서 통도사는 압도적입니다. 이보다 더 간곡한 '생사불이生死不二의 가르침은 없을 듯합니다.

드디어 일주문입니다. '靈鷲山通道寺영축산통도사'라고 쓴 편액이 걸려 있습니다. 흥선 대원군의 글씨로 널리 알려져 있습니다. 기둥에는 해강 김규진이 쓴 '國之大刹국지대찰', '佛之宗刹불지종찰'이라는 편액이 걸려 있습니다. 나라의 큰 절이자 한국 불교의 종가라는 의미이겠습니다.

통도사가 불지종찰佛之宗刹인 건 그곳이 석가모니 부처의 진신사리가 있기 때문입니다. 그래서 통도사는 불보佛寶 사찰로 불리며 법보法寶 사찰 해인사, 승보僧寶 사찰 송광사와 함께 삼보三寶 사찰로 일컬어집니다. 하지만 통도사가 정녕 한국 불교의 종가인건 금강계단金剛戒壇이 있기 때문입니다.

금강계단의 역사적·현재적 의미를 제대로 살피기 위해서는 통도사의 창건주이기도 한 신라의 대국통 자장 율사를 주목하지 않으면 안됩니다.

이와 관련한 삼국유사의 기사를 보겠습니다.

"조정에서 의논했다. '불교가 동방에 들어와서 비록 오랜 세월이 지났으나, 그것을 지키고 받드는 규범이 없으니 통괄하여 다스리지 않으면 바로 잡을 수 없다.'

이 의논을 위에 아뢰니 자장율사를 대국통으로 삼아 승니僧尼의 모든 규범을 승통僧統에게 위임하여 주관하게 했다.(중략) 자장 율사는 이러한 좋은 기회를 만나 불법을 널리 펴트렸다. (중략) 이때에 나라 안에 계를 받고 불법을 받든 이가 열 집에 여덟아홉이나 되었으며 머리를 깎고 승려가 되기를 청하는 이가 해마다 달마다 불어났다.

이에 통도사를 세우고 계단을 쌓아 사방에서 오는 사람을 받아들였다." 삼국유사 의해편 자장정율 조

646년선덕여왕 15의 일입니다. 자장 스님에 의해 통도사가 세워짐으로써 신라 불교, 넓게는 오늘의 한국 불교가 체계를 갖추게 된 것입니다. 통도사는 부처님의 진신사리를 모신 적멸보궁으로서 또한 승려를 배출하는 사찰로서 현재까지도 창건 당시의 정신이 살아있는 절입니다.

지계持戒 즉 계를 받아 지닌다는 것은 부처님 곁으로 다가가 승가의 일원이 된다는 의미입니다. 하지만 결코 단순한 통과의례가 아닙니다. 비구는 250가지, 비구니는 348가지나 받아 지녀야 합니다.

자장 스님이 출가하여 고골관枯骨觀:육신의 무상을 관찰하는 것. 송장의 살이 다 없어져 백골만 앙상한 모습을 관하는 수행법을 닦고 있을 때 조정에서 재상의 자리에 오르라고 한

일이 있습니다, "나오지 않으면 목을 베겠다."고 할 정도로 단호했습니다. 하지만 자장 스님은 흔들리지 않았습니다. "내 차라리 하루 동안 계를 지키다가 죽더라도, 백 년 동안을 계율을 어기고 살기를 원하지 않는다."는 것이 대답이었습니다. 왕은 두 손을 들고 말았습니다. 이것이 지계의 진정한 의미입니다. 삼국유사에 전하는 이야기입니다.

절 이름을 통도사라 한 까닭은 다음 세 가지 이유 때문이라고 합니다. 첫째, 승려가 되려면 누구든 이곳 금강계단을 통하여 계를 받아야 하기 때문입니다. 둘째, 만법을 통달하여 모든 중생을 제도한다는 것입니다. 셋째, 통도사가 자리 잡은 산의 모습이 인도의 영축산과 통한다는 의미에서입니다. 사실 이 셋은 하나입니다. 도_道를 구하는 이가, 도통한 이가 가야 할 길은 이 셋을 아우릅니다.

통도사는 분명 큰 절입니다. 금강계단 중심의 공간이 고려, 조선시대를 거치며 규모를 더해가면서 오늘에 이르게 되었겠지요. 하지만 통도사의 진정한 존재의미는 가람의 규모에 있는 게 아닙니다. 귀중한 문화재가 있기 때문도 아닙니다.

상주불멸하는 부처의 진신이 바람의 춤을 추는 곳. 통도사는 그런 절입니다.

도인과 범부의 차이는 이런 것이겠지요.

누구나 경험하는 '분별이 무너진 자리'를

무심히 지켜나가며 사는가,

끝없이 부딪치며 갈등하고 아등바등하는가,

바로 거기에 있겠지요.

"너는 똥을 누고,
나는 고기를 눈다"

운제산 오어사

옛날이야기 좀 하겠습니다.

　늙은 스님과 젊은 스님이 시냇물을 첨벙거립니다. 아이들처럼 희희낙락하며 새우와 물고기를 잡습니다. 승려라는 신분도 잊고 천렵이라도 나온 모양입니다. 그랬습니다. 두 스님은 새우와 고기를 맛있게 먹고는 나란히 앉아서 뒤를 봅니다.

　함께 돌 위에서 대변을 보던 노승이 젊은 스님의 그것을 가리키곤 낄낄거리며 말합니다.

　"너는 똥을 누고, 나는 고기를 눈다 汝屎吾魚."

　이 우스팡스런 장면의 주인공은 신라의 고승 원효와 혜공입니다. 원효가 누구입니까? 200여 권의 저술을 남긴 신라 최고의 지성이었고, 환속 후에는 천촌만락을 누비며 무애無碍의 노래와 춤으로 대중 곁으로 다가간 한국 불교의 새벽이었습니다. 이런 원효 스님이 젊은 시절 운제산에서 저술에 몰두할 때, 항사사지금의 오어사에 머물던 혜공 스님을 자주 찾아뵈었다 합니다. 당시 이름 높은 고승이었던 혜공 스님으로부터 가르침을 청하기 위해서였습니다. 혜공 스님 또한 늘 삼태기를 메고 거나하게 취해서는 춤추고 노래하던 거리의 성자였고, 공중에 떠서 세상을 마쳤다는 전설적인 인물입니다. 이런 혜공 스님이 만년에 항사사에 머물며 젊은 원효를 만났으니, 둘의 만남이 예사로울 리 없었겠지요.

앞에서 전한 얘기는 〈삼국유사〉의 기록을 요즘 식으로 바꾼 것인데, 이야기 말미에 "그로 인하여 오어사吾魚寺라 했다."는 말이 이어집니다. 그런데 〈삼국유사〉를 쓴 일연 스님은 "어떤 이는 이를 원효의 말이라고 하나 잘못이다."는 말을 강조하듯 덧붙여 두고 있습니다. 예나 지금이나 '유명세'의 힘은 대단했던 모양입니다. 유명세에 눈이 멀지 말 것을 경계한 것이겠지요. 하지만 일연 스님의 걱정은 현실로 드러났습니다. 〈동국여지승람〉에는 이렇게 바뀝니다.

"신라 때 원효가 혜공과 함께 물고기를 잡아서 먹다가 물 속에 똥을 누었더니 그 물고기가 문득 살아났다. 그래서 손가락으로 가리키면서 '내고기吾魚'라고 말했다. 절을 짓고는 그렇게 이름을 지었다."

현재 절에는, 물 속에서 살아난 고기 한 마리는 물을 거슬러 올라가고 한

마리는 아래로 내려갔는데 원효 혜공 두 스님이 서로 '내 고기'라고 했다는 데서 이름이 유래했다는 얘기로 전승되고 있습니다. 한편 '여시오어汝屎吾魚'라는 말은, 〈삼국유사〉한글판(현암사)에서처럼 "당신이 눈 똥은 내가 잡은 물고기"라고 번역된 경우도 있습니다. 상황이나 문맥으로 볼 때 "너는 똥을 누고, 나는 고기를 눈다"고 해석하는 것이 옳을 것 같습니다. 원효에 정통한 김상현 교수동국대 사학과와 같은 학자들의 견해도 그렇습니다.

설화란 시대와 상황에 따라 달리 전승된다지만 불교적인 의미로 보자면 〈삼국유사〉 이후의 전승에는 문제가 있습니다. 〈동국여지승람〉의 경우는 '원효'를 절대시한 데서 온 결과이고, 현재 절에서 전하는 내용민족문화백과사전의 것을 따른 것으로 보임은 전혀 고승답지 않은 모습을 보여줍니다. 둘 다 '여시오어汝屎吾魚'의 불교적 의미를 놓치고 있는 셈입니다. 누가 더 고수냐를 따질 문제가 아니지 않습니까?

'여시오어汝屎吾魚'의 의미는 생과 사, 성과 속, 미와 추가 다르지 않다는 것으로 새겨야 할 것입니다. 더욱이 혜공과 원효 두 스님 다 치열하게 그런 삶을 살아냈습니다. 따라서 나는 이 설화에서 한 가지 의미를 더 음미해 보려 합니다.

'여시오어汝屎吾魚'라는 말에서 나는, 당대 최고의 선지식으로 존경 받던 노승과 눈 푸른 젊은 납자가 펼치는 지성의 불꽃놀이를 봅니다. 생이지지生而知之의 천재였던 원효 스님이었지만 분명 혜공 스님에게서 가르침을 구했습니다. 이에 혜공이 기꺼이 응하니, 선지식으로서 후학에 대해 이보다 더 극진한 애정 표현이 있겠느냐는 것입니다. 훗날 환속한 원효가 무애자재한 삶을 펼쳐 보이면서 피워 올린 '화쟁和諍'의 불꽃은 이미 '여시오어汝屍吾魚'라는 말에서 불씨를 품기 시작했다는 것이 내 생각입니다.

혜공 스님과 원효 스님의 기행奇行에서 신비한 고승의 행적만을 읽어내는 것은 너무 단순한 독법입니다. '거룩한 몸짓'보다 더 중요한 것은, 거룩함마저도 다 놓아버린 자유의 경지라는 것을 일깨우는 메시지로 읽어야 하지 않을까 합니다. 어쨌건 두 스님이 고기를 잡아먹었던 그 냇물은 지금 일월저수지라 불리는 큰 못으로 바뀌어 있습니다.

오어사의 본디 이름은 항사사恒沙寺였고 창건은 신라 진평왕 때입니다. 자세한 창건 내력은 전해오지 않습니다. 〈삼국유사〉에는 항하의 모래처럼 많은 사람이 출세했기 때문에 항사동恒沙洞이라 한다고 적혀 있습니다. 지금도 절 아랫마을의 이름은 항사리입니다. 항사사가 오어사로 바뀐 내력은 이미 살핀 대로입니다.

오어사가 기대고 앉은 운제산478m은 그리 높지 않지만 부드럽게 가파릅니다. 저수지 너머 원효암이 있는 맞은편 산도 마찬가지입니다. 절에서 보면 마치 사방으로 병풍을 두른 듯합니다. 쉽게 물을 가둘 수 있는 그런 형국입니다. 절 마당은 못과 길 하나를 사이에 두고 있습니다. 그 길에서 바라보는 못은 저수지의 느낌이 없습니다. 깊은 산속의 천연 호수 같습니다. 부동의 산과, 한 순간도 고정되지 않은 물의 본성이 궁극적으로는 다르지 않다는 법문으로 새겨 봄직한 분위기입니다.

오어사는 작고 아담한 절입니다. 그런데도 왜소한 느낌이 들지 않습니다. 20여 분쯤만 걸으면 원효암과 자장암을 둘러볼 수도 있습니다. 절 뒷산 봉우리에 자리한 자장암에서는 깊고 그윽한 계곡을 조망하면서 벽공으로 솟은 듯한 상승감을 느낄 수 있고, 못 건너 이슥한 산기슭에 자리한 원효암에서는 첩첩산중의 안돈감을 얻을 수 있습니다.

절의 정문격인 천왕문에서도, 마당 가운데 자리한 대웅전에서도, 예쁜 돌계단으로 걸음마저 곱게 만드는 산신각 앞에서도, 비비추가 곱게 피어 있는 응진전 앞에서도, 집 주인께 인사를 올리고 나면 어김없이 몸을 돌려 세워 물을 바라보게 됩니다. 저 물처럼 한세상 살 수 있으면 얼마나 좋을까, 하는 생각에 한동안 눈을 감아 봅니다. 흔들리는 나뭇잎 소리에 물소리가 실려 옵니다. 저 물소리, 원효 스님이 천촌만락을 누비며 추었다는 무애무의 뿌리였는지도 모르겠습니다.

혜공 스님과 원효 스님의 기행奇行에서

신비한 고승의 행적만을 읽어내는 것은

너무 단순한 독법입니다.

'거룩한 몸짓'보다 더 중요한 것은,

거룩함마저도 다 놓아버린

자유의 경지라는 것을 일깨우는 메시지로

읽어야 하지 않을까 합니다.

숲,
허공으로 흐르는
강물

보개산 각연사

여름 숲은 장마에 더 빛납니다. 빗발은 태양의 본성까지 지우지 않습니다. 빗줄기. 그것은 햇살의 또 다른 모습입니다. 물레에서 갓 빠져나온 삼실 같은 그 '햇살의 올'은 나뭇잎의 지문을 더 선명히 합니다. 빗발은 잎맥을 따라 수만 수억의 동심원을 이루며 '숲의 강'으로 흘러듭니다. '우우~' 거리는 바람결에 강물이 일렁입니다. 바위에 부딪치는 물결처럼 물보라를 일으키기도 하고, '출렁~' 폭포가 되어 물기둥을 쏟아내기도 합니다. 각연사覺淵寺 대웅전 앞에서 바라본, 비 내리는 여름 숲의 풍광입니다.

장마가 시작되는 날 각연사를 찾았습니다. 애당초 비가 오고 말고는 염두에 두지 않았습니다. '숲과 물과 바위'의 고장 괴산으로 가는 길에 딱 어울리는 정취여서 오히려 반가웠습니다.

괴산, 하면 가장 먼저 떠오르는 것이 화양동구곡, 쌍곡구곡, 선유동구곡일 것입니다. '숲과 물과 바위'가 이룰 수 있는 최고의 경지를 펼쳐 보이는 골짜기들입니다. 이런 계곡을 떠올리기만 해도 각연사 가는 길은 서늘했습니다. 하지만 각연사는 이 골짜기 중 어느 하나도 자신의 거처로 삼지 않습니다. 쌍곡의 동쪽을 이루는 보배산750m과 칠보산778m 너머 덕가산850m 동쪽 기슭, 사람의 발길이 끝나는 곳에 없는 듯 있습니다. 전국의 유명 사찰이 대부분 관광자원화한 지금도 각연사는 한가합니다. 사하촌은 물론이거니와 구멍가게도 10리 밖에나 있습니다.

중부내륙고속국도 연풍 나들목에서 34번 국도를 타고 괴산읍 쪽으로 가다 보면 칠성면 태성리에서 각연사를 가리키는 안내판을 만납니다. 이곳에서부터 절 마당까지는 4.7km인데, 자동차 두 대가 비껴가기 힘든 다소곳한 찻길이 나 있습니다. 각연사계곡을 끼고 가는 길입니다. 또한 이 계곡은 태성리 사람들의 식수원이기 때문에 여름에도 행락객의 발걸음은 철저히 통제됩니다. 천연 그대로일 수밖에 없는 계곡입니다. 각연사가 길손에 안기는 첫 번째 선물입니다.

산골마을의 정취가 그윽한 태성리를 지나 다랑이논과 밭을 지나 다리를 하나 건너면 곧장 숲길입니다. 하늘을 가리는 압도적인 숲이 아니라, 깊지도 넓지도 않은 계곡과 도란거리는 숲입니다. 사람조차 자신의 일부로 받아들이는 그런 숲길입니다.

각연사는 뒷모습을 먼저 보여 주는 절입니다. 장독이 가지런한 공양간의 후원과 담쟁이 고운 화장실의 벽이 먼저 눈에 들어옵니다. 조금도 객들의 눈을 의식하지 않고 있는 그대로의 모습을 보여 줍니다. 예쁜 전경 사진을 얻으려는 사람들은 적이 실망할 수도 있는 분위기입니다만, '내 식대로 산다'며 큰소리치면서도 무시로 타인의 눈길을 의식하는 인간사를 돌아보게 하는 모습입니다. 나는 과연 이 절처럼 있는 그대로의 모습으로 살고 있는가? 그렇다고 대답할 자신이 없습니다.

돌계단을 오르면 바른 네모꼴의 대웅전 앞마당입니다. 대웅전 뒷산이 워낙 가팔라서인지 마당이 제법 넓어 보입니다. 한 번 더 돌계단을 올라 대웅전 앞에서 몸을 돌려 세우면 계곡 너머로 구름에 지워졌다 살아나기를 반복하는 동양화풍의 연봉이 눈앞에 걸립니다. 칠보산입니다. 대웅전에서 정남 방향입니다. 오른쪽(서쪽)으로 보배산, 왼쪽으로 덕가산이 절을 에워싼 형국입니다. 정삼각형의 꼭지점에 해당하는 곳이 칠보산이고 밑변을 이루는 보배산과 덕가산의 가운데에 각연사가 자리하고 있습니다. 쌍곡구곡은 칠보산과 보배산을 잇는 능선의 동쪽 기슭입니다. 그런데 각연사는 왜 더 수려한 풍광의 쌍곡구곡을 마다하고 이곳에 터를 잡았을까요. 창건 설화를 살펴보지 않을 수 없는 대목입니다.

절에 전해오는 얘기에 의하면 신라 법홍왕 때 유일 스님이 창건을 했는데, 처음에는 쌍곡리의 절골(사동)에 터를 닦았다고 합니다. 그런데 갑자기 까마귀 떼가 날아들어 대팻밥과 나무 부스러기를 물고 어디론가 날아가더랍니다. 기이하게 여겨 따라가 본즉 현재 비로전 앞의 연못에 대팻밥이 떨어져 있어 유심히 살펴보니 연못 속에 석불이 있고 그것으로부터 광

채가 퍼져 나왔습니다. 이에 유일 스님은 깨달은 바가 있어 연못을 메우고 절을 세운 다음 연못 속의 돌부처를 모셨는데, 그것이 바로 현재 비로전의 석조 비로자나불 좌상보물 제433호이라 합니다. 필시 후대에 절의 입지와 석조 비로자나불 좌상을 근거로 만든 설화일 것입니다만, 어쩌면 까마귀는 훗날 쌍곡구곡이 번잡해질 것을 예견한 것인지도 모르겠습니다.

한편 1768년조선 영조 44에 작성된 대웅전의 상량문에는 918년고려 태조 1에서 975년광종 26 사이에 통일대사가 창건한 것으로 기록되어 있습니다. 또한 『조선금석고』에 실린 비문에는 958년광종 26에 통일대사의 제자인 석총훈, 석훈우 등이 건립했다고 기록되어 있습니다.

어떤 기록이 맞는지는 알 길이 없으나 지금도 큰물이 지나간 뒤에는 주초 같은 석재들이 계곡에 나뒹군다고 하니 과거 한때는 대단한 규모의 절이었다는 것을 알게 합니다.

현재의 각연사는 작은 절입니다. 전각이라야 대웅전충청북도 유형문화재 제126호과 비로전충청북도 유형문화재 제125호, 삼성각, 종각, 요사종무소와 공양간을 겸함가 전부입니다. 비교적 오래된 건물인 대웅전은 1768년영조 44년에 건립되어 여러 차례 손을 봐 왔는데, 현재의 모습은 1979년에 중수한 것입니다. 비로전은 1975년 중수 때 발견된 기록에 의하면 1648인조 26년 이후 1926년까지 여러 차례 중수되었다 합니다. 비교적 오래된 건물은 대웅전과 비로전밖에 없지만 그래도 보물은 셋이나 됩니다. 비로전에 모신 석조 비로자나불 좌상보물 제433호, 비문은 마멸되어 판독이 불가능하지만 완전한 형태를 간직하고

있는 통일대사탑비보물 제1295호, 통일대사의 것으로 추정하는 부도보물 제1370호가 그것입니다. 이 중 탑비와 부도는 칠보산과 덕가산이 만나는 계곡을 거슬러 오르는 산 중턱에서 만날 수 있습니다.

각연사는 바람처럼 다녀와야 할 절입니다만, 찬찬히 만나야 할 대상도 몇 있습니다. 첫째, 대웅전 안 불단 옆에 모신 흙으로 빚은 스님상입니다. 절에서는 유일대사상이라 하지만 달마상이라는 설도 있습니다. 두건을 쓰고 있는데다 눈이 워낙 커서 달마상을 보는 듯한 느낌도 듭니다. 바라보는 방향에 따라 무섭게도 인자하게도 보입니다. 비로전의 비로자나불 좌상도 오랫동안 눈길을 묶어 둡니다. 9세기의 전형적인 화강석 비로자나불 형식을 따랐지만 얼굴이나 옷주름 같은 세부 묘사는 10세기 불상 양식을 보인다고 합니다. 얼굴 모습은 근엄하다기보다는 인간적인데, 아홉 분의 화불이 새겨진 광배의 구름 무늬와 불꽃 무늬는 살아 움직이는 듯합니다.

비로자나불을 만난 다음에도 휑하고 돌아서서는 안됩니다. 비로전의 초석을 찬찬히 살필 필요가 있습니다. 얼핏 보면 자연석 그대로의 덤벙주초 같지만 기둥 자리는 도톰하게 올려 둥글게 다듬었습니다. 그런데 그냥 둥근 것이 아니라 옆으로 귀가 달려 있습니다. 이런 형식을 고맥이 초석이라 하는데, 기둥 아래를 가로로 연결하는 하방과 기단 사이의 공간을 막는 화방벽을 초석과 연결할 때 마감을 깔끔하게 하기 위한 형식입니다. 감은사지나 법천사지에서 발견된 고맥이 초석보다는 정교하지 못하지만 이 절의 초창 연대를 통일신라로 믿게 합니다. 그래서인지는 몰라도 절에서도 기록으로 전해지는 고려시대 통일대사 창건설보다는 구전에 의한 통일신라 말의 유일대사 창건설을 신뢰하는 듯합니다. 전혀 근거가 없지는 않은 것 같습니다.

그런데 이 글을 쓰는 순간까지도 조금 난감한 것이 보개산의 존재입니다. 대동여지도에도 신증동국여지승람에도 괴산 지역에는 '보개寶蓋'라는 산 이름이 보이지 않습니다. 국토지리정보원 지도나 국립공원관리공단의 안내 책자는 물론이고 괴산군에서 만든 『괴산의 명산 35』라는 책에도 보개산은 없습니다. 절 앞의 보배산을 보개산이라 한 일부 자료는 있지만 그 산은 계곡 건너에 있습니다. '보개산 각연사'라고 말할 근거가 없는 셈입니다. 그렇다면 해결책은 다음과 같은 이해 방식이 가장 합리적일 것 같습니다. 앞서 말한 세 산 즉 칠보산, 보배산, 덕가산이 절을 감싼 모습이 보개와 같다는 사실입니다. 보개란 다른 말로 '천개天蓋' 즉 부처님의 머리 위로 드리우는 '일산日傘'인 바, 세 산이 어우러진 모습은 실제로 보개라 할 만합니다.

각연사는 속리산 국립공원 안에 있습니다. 최북단에서 오른쪽으로 치우친 곳입니다. 그렇지만 국립공원 안이라는 느낌은 조금도 들지 않습니다. 그만큼 각연사는 깊은 산속 절입니다.

각연사에서 만난 여름 숲은 하늘과 땅 사이로 흐르는 또 다른 강물이었습니다. 태양을 머금은 그 물결을 따라 흔들렸습니다. 적어도 그 순간만큼은 나도 온전히 자연의 한 부분이었습니다.

물과 불을 상극이라 하는 것은 현상만을 두고 말할 때나 옳습니다. 물과 불은 한몸으로 하늘과 대지를 순환합니다. 만물은 땅地·물水·불火·바람風에서 와서 그것으로 돌아간다는 통찰은 옳습니다.

빗줄기.

그것은 햇살의 또 다른 모습입니다.

물레에서 갓 빠져나온 삼실 같은

그 '햇살의 올'은 나뭇잎의 지문을

더 선명히 합니다.

빗발은 잎맥을 따라

수만 수억의 동심원을 이루며

'숲의 강'으로 흘러듭니다.

소나무와 차밭의 시린 기운에
누워 잠든 부처

봉명산 다솔사

송도松濤. 글자 그대로 새기면 '소나무가 일으키는 물결'이라는 말이겠는
데, 실은 소나무가 바람에 흔들리며 내는 소리를 일컫습니다. 다인茶人들은
'찻물 끓는 소리'를 표현할 때 이 말을 씁니다.

솔바람 소리는 달리 '송뢰松籟'라고도 합니다. 퉁소 소리도 이와 흡사하
다는 것이겠지요. 퉁소 소리에는, 소리의 근원인 바람의 원형질이 그대로
살아 있습니다.

송도든 송뢰든 솔바람 소리를 일컫기는 한데, 찻물 끓는 소리와 퉁소 소
리 간의 유사성을 찾기란 쉽지 않습니다. 오히려 두 말의 공통적 속성은,
그 말을 만든 혹은 쓰는 사람들의 의지에 있는 게 아닌가 하는 생각이 듭
니다. '자연스러워야 한다'는 것이겠지요.

일상에서 우리는 '자연스럽다'는 말을, 어색하지 않거나 꾸미지 않은 상

태를 가리킬 때 사용합니다. 순일純一, 무잡無雜, 무사無邪의 의미로도 씁니다.

엄마 젖에 주린 아이가 우는 것은 자연스럽습니다. 상대로부터 상처받은 사람이 우는 것도 자연스럽습니다. 그런데 후자의 경우는, 한번 더 생각해 보면 금방 아니라는 결론에 닿습니다.

자연은 어떠한 경우든 스스로 상처 받는 일이 없습니다. 예컨대 바람이 솔가지를 꺾고 눈이 소나무의 허리를 동강내어도 바람과 소나무, 눈과 소나무는 상처를 주고받는 일이 없습니다. 사람이 타인으로부터 상처를 받고 우는 것은, 그 원인이 심리적인 것이든 물리적 폭력이든 자연스러운 일은 아닙니다. 자존심과 사회적 불평등 관계가 개입돼 있기 때문입니다.

'인간은 만물의 척도'라는 말이 폐기되지 않는 한, ―이 말을 한 프로타고라스가 소피스트를 자칭한 최초의 사람이었다는 점도 재미있습니다― 인간사의 비극은 결코 끝나지 않을 것입니다. 사람, 민족, 국가마다 다른 자를 갖고 사니까요. 사람 사이의 다툼, 민족·국가 간의 분쟁이나 전쟁의 원인도 모두 여기에서 비롯되지 않았습니까. 인류 역사상 수많았던 전쟁과 '인종청소'도 '자신들이 가진 자[尺]'의 정당성에 기초하고 있습니다.

만물의 척도는 '자연'이어야 합니다. 인지와 문명의 발달도 자연을 거스르는 한 비극적 파국을 피할 수 없습니다. 인류의 모든 인간이, 자연에 비추어 '어긋남'이 없는 상태를 자기완성의 궁극으로 삼는 날, 우리는 비로소 '평화'를 말할 수 있을 것입니다.

다솔사多率寺에서 솔바람 소리를 듣지 않고 차맛을 느끼지 않으면, 가지 않은 것이나 마찬가지입니다. 다인들에게 다솔사는 茶率寺이기도 합니다. 그 내력에 대해 살피기에 앞서 절의 역사부터 간단히 더듬어 보겠습니다.

경남 사천시 곤양면의 봉명산 동남쪽 기슭에 자리한 다솔사는 511년신라 지증왕 12에 연기 조사가 영악사靈嶽寺라는 이름으로 창건했습니다. 그 후 636 년선덕여왕 5에 다솔사라는 이름으로 바뀌었고, 676문무왕 16에 의상 스님이 영 봉사靈鳳寺로 고쳤습니다. 이후 신라 말에 도선 스님이 중건하면서 다시 다 솔사라고 바꾸어 오늘에 이르렀습니다.

다솔사라는 절 이름의 내력은 1749년에 중건한 대양루大陽樓 중건기에 밝 혀져 있습니다. 다솔사가 앉은 자리가 '장군대좌혈將軍大座穴'이어서 그렇다 는 겁니다. 장군의 자리인 만큼 당연히 (군사들을) 많이 거느리고(多率) 있 다는 얘깁니다. 다분히 풍수적인 발상인데, 그렇다면 거느린 군사는 쭉쭉 하늘로 뻗은 소나무를 말하는 것이라는 추정은 별 무리가 없을 듯합니다. 예로부터 다솔사에는 소나무가 많았던 모양입니다. 물론 지금도 그렇습 니다. 절로 드는 길 양쪽에 도열하듯 서 있는 80년 안팎의 아름드리 소나 무들은 해발 고도 408m에 불과한 봉명산을 아주 깊은 산으로 만들어 줍 니다. 우람하면서도 적당히 굽은 모양은 노덕을 연상시키기에 충분합니 다. 이 소나무들과 함께 호흡하는 것만으로도 먼 길을 달려온 수고의 몇 배는 보상받을 수 있습니다.

이 절을 茶率寺로 연상하게 되는 것은 효당 최범술 스님이 1917년 나이 14세에 이곳으로 출가했기 때문입니다. 이후 효당은 1919년 3·1운동 당시

해인사에서 학인으로 공부를 할 때 서울에서 내려온 독립선언서를 등사하는 책임을 맡아 대구, 경주, 양산 등지로 배포하였습니다. 이 일로 일본 경찰에 체포되었으나 만 15세가 되지 않아 석방되었습니다. 일경으로부터 풀려난 효당은 학업을 위해 일본으로 건너가서 독립 운동을 하는 한편 재일조선불교청년회 활동을 하였습니다. 1933년 일본 대정대학 불교학과 졸업 직후 귀국한 효당은 조선불교청년동맹의 중앙집행위원장으로 선출되었고, 만해 한용운을 따르는 사람들로 결성된 비밀결사체인 만당卍黨에 가담, 항일 운동을 전개합니다. 이 무렵 다솔사는 국내 불교계 항일 운동의 거점이었고, 후견자였습니다. 당시 효당은 만해의 생활까지 책임졌는데, 만해의 회갑 잔치1939를 연 곳도 이곳이었습니다.

한편 효당은 1934년부터 다솔사에 초등과정의 광명학원을 세워 인근 농민 자제들을 가르쳤는데, 강의는 소설가 김동리가 주로 맡았다고 합니다. 김동리의 대표 소설인 '등신불'은 이렇게 하여 탄생된 것입니다.이상 효당에 관한 얘기는 김광식 선생의 '만해와 효당 그리고 다솔사'라는 글에 의존한 것임.

효당이 이곳 다솔사의 차밭을 가꾸기 시작한 것은 1960년대 초반부터라고 합니다. 예전부터 법당 뒤에 묵은 차밭이 있었는데, 200~300백년 된 차나무가 제멋대로 자라는 것을 다듬고 차 좋다는 절에서 차나무를 구해다 심고 가꾸며 손수 차를 만들었다는 것입니다. 1973년에는 전통 차 문화를 집대성한 '한국의 다도'라는 책을 펴내 한국 다도의 맥을 되살리기도 했습니다. 효당이 이때 만든 차의 이름은 '반야로般若露'인데 아직도 그 후광이 남아 다솔사의 차는 전국적으로 이름이 높습니다.

반야로般若露는 '지혜의 이슬'이라는 뜻입니다. 예로부터 차의 이름에 이슬 露자를 즐겨 붙였습니다. 이는 차나무가 반음半陰 반양半陽의 상태에서 잘 자라는 특성에서 기인합니다. 차밭에 큰키나무를 심어 그늘을 만들어 주는 이유입니다. 죽로竹露니 옥로玉露니 하는 애칭들의 탄생 배경입니다. 대나무에 맺힌 이슬을 먹고 자라서 '죽로'가 되는 식이지요. 지금도 3천여 평에 이르는 다솔사 적멸보궁 뒤 비탈진 차밭에는 군데군데 편백나무가 자라고 있고, 야생의 분위기가 살아있습니다.

다솔사는 아담한 규모의 절입니다. 돌계단 위에 위풍당당한 모습으로 서 있는 대양루경남 유형문화재 제83호를 지나면 적멸보궁이 석축 위에서 봉황의 날개인 양 팔작지붕을 펼치고 서 있습니다. 그 오른쪽에는 응진전과 극락전 그리고 최근 해체 보수를 마친 안심료가 고운 속살을 그대로 드러낸 채 다소곳이 앉아 있습니다. 왼쪽에는 승방이 기와를 켜 쌓은 흙담을 두르고 있습니다.

그런데 한 가지 이채로운 점은 주불전인 적멸보궁에 와불을 모시고 있다는 점입니다. 통상 부처님의 사리를 모신 적멸보궁에는 불상을 모시지 않습니다. 부처의 진신이 있는 도량이기 때문입니다. 그런데 왜 다솔사의 적멸보궁에는 열반상을 모셨을까요? 본디 다솔사의 주불전은 대웅전이었습니다. 1978년에 대웅전의 삼존불상을 개금할 때 후불탱화에서 108과의 사리가 발견되어 적멸보궁으로 바꾸면서 열반상을 모신 것입니다. 20세

기에 조성한 적멸보궁다운 창조적 발상이라 하겠습니다.

오른팔을 베개 삼아 모로 누운 열반상을 볼 때마다 나는 웃음이 나옵니다. 산 사람들도 잠 못 이루는 밤에는 이리 저리 뒹굴다가 '열반상'의 자세로 잠이 든다는 사실 때문입니다. 그래서 나는 인도 여행을 하며 열반상을 봤을 때도 경외감보다는 '참 편안하겠다'는 느낌을 받았습니다.

다솔사는 열반상이 아니어도 편안한 절입니다. 소나무와 차밭의 시린 기운이 헐떡거리는 마음의 거친 물살을 차분히 가라앉혀 줍니다.

만물의 척도는 '자연'이어야 합니다.

인지와 문명의 발달도 자연을 거스르는 한

비극적 파국을 피할 수 없습니다.

인류의 모든 인간이,

자연에 비추어 '어긋남'이 없는 상태를

자기완성의 궁극으로 삼는 날,

우리는 비로소 '평화'를 말할 수 있을 것입니다.

"온갖 풀들이
다 부처의 어머니"

도비산 부석사

"한솔아, 왜 여자 친구는 안 데려 왔어?"

"여자 친구 없어요."

"너희 반에 여학생이 한 명도 없다고?"

"아뇨."

"그럼 다음에는 여자 친구도 데려와."

"네."

　절집의 저녁 공양 시간에 오간 대화라면 믿으실는지요. 부석사의 주지인 주경 스님과 인연이 닿아 함께 살게 된 네 명의 아이 중 한솔이의 친구두 명이 놀러 왔다가 함께 저녁을 먹으며 나눈 얘기를 함께 밥을 먹으며들었습니다. 절집에서 밥 먹는 행위를 '공양供養'이라고 하는 이유를, 불교대사전도 이보다 적절하게 설명해 줄 수는 없을 겁니다. 가족이 함께 밥을

먹기도 힘든 시대상을 역설적으로 보여주는 순간이었습니다.

공양간 벽에 부석사의 가풍家風을 함축한 듯한 글귀가 나무에 새겨져 걸려 있습니다. 백초시불모百草是佛母. 그대로 새기면 '온갖 풀들이 다 부처의 어머니'라는 말이겠지요. 수덕사의 만공탑에 새겨진 글귀를 그대로 옮겨 새긴 것이라 합니다. "존재하는 모든 것들에는 부처의 성품이 깃들어 있다一切衆生悉有佛性."는 열반경의 구절과 상통합니다.

'百草是佛母'의 정신은 공양간 건물 곳곳에 고스란히 배어 있습니다. 벌레가 파먹은 기둥의 썩은 부분을 도려내고 짜 맞추어 넣은 나무 조각들이 그 어떤 보석보다 빛납니다. 이것이야말로 진정한 방생放生이 아닐까요. 겉멋이 뻔히 드러나는 누더기 옷이나 빼어난 바느질 솜씨로 만든 조각보에서는 찾아볼 수 없는 아름다움입니다. 참됨과 선함이 온전히 포개진 아름다움입니다.

저녁 공양을 마치고 도비산352m 정상까지 산책을 하고 오자 상현의 반달이 안개 속에 희미합니다. 달빛을 머금은 이른 봄의 안개는 이제 곧 비가 되어 새싹으로 환생하겠지요.

세상에서 가장 듣기 좋은 소리가 아이들 글 읽는 소리라 했던가요. 물론 요즘은 듣기 힘든 소리입니다만, 부석사에서는 그 소리가 낭랑했습니다.

"계향戒香 정향定香 혜향慧香 해탈향解脫香 혜탈지견향解脫知見香……."

저녁 예불을 드리면서 헌향게獻香偈를 읊는 아이들의 목소리가 참 듣기에 좋습니다. 그 소리에 이끌려 법당으로 들어섰습니다.

깨달음의 경지에 이른 사람의 다섯 가지 덕德인 계戒, 정定, 혜慧, 해탈解脫, 혜탈지견解脫知見을 향에 비유한 것도 '百草是佛母'의 정신과 통합니다. 향은 결국 향을 사른 사람에 베어들 테니까요. 공양 중에서도 향공양을 으뜸으로 치는 것은, '공경과 나눔으로 자타自他가 하나 되는' 공양의 정신을 가장 잘 담고 있기 때문이 아닐까 싶습니다.

황토벽이 고운 방 한 칸에 깃들고 나서도 몇 번이나 마당으로 나왔습니다. 달이 중천으로 떠올라 아직 빈 몸인 느티나무 가지에 걸릴 즈음에야 잠자리에 들었습니다. 평생 이런 곳에 살면 특별히 닦지 않아도 해탈의 경지에 이르지 않을까 하는 생각을 해 봤습니다.

부석사 하면, 무량수전으로 유명한 영주 부석사를 떠올리는 사람들에겐 아주 생소한 절이 서산 부석사입니다. 고건축 박물관으로 불리는 영주 부석사에 비하면 보잘것없는 절이라 할 수도 있습니다. 하지만 공통점이 아주 많습니다. 절 이름의 한자가 같은 것은 물론 소재지도 똑같이 '부석면'으로 절 이름을 빌려 쓰고 있습니다. 의상 스님과 선묘 낭자의 절절한 사랑을 배경으로 하는 창건 설화도 같습니다. 전형적인 산지 가람으로 산기슭에 석축을 쌓아 터를 얻고 있는 것도 같습니다.

하지만 대조적인 부분이 더 많습니다. 한 가지 예만 보자면 두 절 다 안양루가 있는데, 명품 건축물인 영주 부석사 안양루는 극적인 누하樓下 진입으로 주불전인 무량수전으로 참배객을 이끕니다. 이에 비해 서산 부석사의 안양루는 누각이란 편액만 달았지 사실은 단층 건물입니다. 외양도 소박하기 이를 데 없습니다.

 자연적인 배경도 선명하게 대비됩니다. 영주 부석사는 백두대간의 선달산에서 가지 친 봉황산을 배경으로 앞으로는 소백산의 첩첩 자락이 펼쳐집니다. 그러나 서산 부석사는 호서정맥의 백월산에서 가지 친 줄기가 태안반도로 흐르다 살짝 남쪽으로 흘린 구릉 같은 도비산島飛山 기슭에 다소곳이 앉아 있습니다. 그리고 앞으로는 천수만을 바라보고 있어서 영주 부석사와는 전혀 다른 전망을 보여줍니다. 영주 부석사가 백두대간의 준령의 화룡점정 같다면, 서산 부석사는 서해에 발을 담근 희미한 산을 깊고 그윽하게 만들고 있다고 할 수 있을 것입니다.

 궁극적 의미에서 두 절의 비교는 무의미합니다. 단순 비교의 대상도 아니거니와 우열의 차원으로 바라볼 일은 더욱 아닙니다. 봉황산 부석사에서 국사國師의 풍모를 느낄 수 있다면, 도비산 부석사에서는 누더기옷을 입은 고승의 비범을 느낄 수 있습니다.

 부석사의 가람 배치는 아주 간단합니다. 산자락을 구불거리며 오르는 길이 끝나는 곳에 석축으로 터를 얻은 전각들이 좌우로 벌려져 있습니다. 주불전인 극락전을 향해 돌아앉은 안양루의 왼쪽을 바라보면서 돌계단을 오르면 종무소로 쓰고 있는 목룡장牧龍莊과 이에 연결된 심검당尋劍堂, 현재 공양간으로 쓰고 있음을 마주하게 됩니다. 극락전 뒤로 좀 물러선 곳에 산신각이 있습니다. 기품있고 정갈한 모습으로 숲과 어우러져 있습니다. 그리고 심검당 왼쪽으로 조그마한 연못을 지나면 최근에 시민을 위한 선방 겸 템플 스테이 공간으로 지은 정진선원이 있습니다.

전각들 중에서 비교적 오래된 건물이 안양루와 심검당 그리고 극락전인데 하나 같이 막돌기단에 덤벙주초입니다. 이 중에서도 심검당이 가장 돋보입니다. 예전부터 스님네들 사이에는 심검당과 목룡장의 이어진 모습이 누운 소 즉 와우형臥牛形이라고 불리며 애정 어린 눈길을 받았다고 합니다. 하지만 나는 이 건물을 한국 최고의 누더기 건물이라 부르고 싶습니다. 감히 한 마디 더 하자면 건축적 차원과는 별개로, 깁고 보태고 살려 쓴 그 검박의 아름다움 자체만으로 국보급이라고 생각합니다. 더욱이 그것을 그대로 살려 쓰면서 자연과 더불어 생동하는 모습을 보여주는 현재 스님들의 안목은 무분별한 대형 불사가 무엇이 문제인지를 일깨우기에 충분합니다. 2005년에 5차 중수를 하면서 발견한 상량문으로 추정한 건물의 나이는 350년 정도라고 합니다.

목룡장과 심검장은 한국 선불교의 중흥조를 불리는 경허 스님과 제자인 만공 스님의 자취가 베인 곳이기도 합니다. 인중지룡人中之龍을 길러내는 곳이라는 뜻의 목룡장과 지혜의 검을 찾는 곳이라는 뜻의 심검당 편액은 경허 스님의 친필이고, 그 옆에 붙은 부석사浮石寺란 편액은 만공 스님이 70세 되던 해에 쓴 것입니다.

심검장의 자연미가 드물게 귀하다할지라도 그것만으로는 어딘가 허전합니다. 부석사의 자연미는 가람을 호위하듯 둘러 싼 아름드리 느티나무와 공명함으로써 그윽해집니다. 수령 300년 안팎으로 추정되는 느티나무는 절의 지워진 역사를 증언하는 듯합니다. 그러나 이것이 전부가 아닙니다. 느티나무 너머 천수만과 더불어 부석사의 자연미는 비로소 완성됩니다. 부석사를 품에 안은 도비산島飛山이 날아온 섬이든 날아가는 섬이든, 부석사와 느티나무 숲과 서해는 한 몸입니다.

부석사는 사람들과 자연을 이어주는 일로 바쁩니다. 탐조探鳥와 들꽃 탐사를 곁들인 템플 스테이를 운영하면서 사람들로 하여금 정면으로 자연을 바라보게 하느라 그렇습니다. 천주교나 개신교인들의 호응도 좋다고 합니다. 대자연 앞에서는 종교의 같고 다름도 사소한 문제입니다.

부석사 마당에는 유난히 벤치가 많습니다. 자연의 설법을 듣고 가라는 뜻입니다. 까막딱따구리의 목탁 소리에 맞춰 철새들이 하늘에 쓰는 경전을 읽고 가라는 뜻입니다.

"하루하루가 다 좋은 날입니다"

태화산 마곡사

현대인에게 정보는 일종의 강박입니다. '춘마곡春麻谷 추갑사秋甲寺'라는 말도 좋은 예가 되겠지요. 이 유명한 말 때문에 사람들의 뇌리에는 마곡사하면 봄, 갑사 하면 가을의 이미지가 선점해 버립니다. 다른 계절에 찾았을 경우는 괜히 손해 본 것 같다는 느낌이 들기도 합니다. 사실이 그렇지는 않다는 걸 알면서도 말입니다.

관점에 따라서 마곡사의 봄과 갑사의 가을이 이 절들이 보여 주는 풍광의 절정일 수는 있겠습니다. 그런데 그 관점이라는 것이 철저하게 인간을 기준으로 하고 있다는 점을 깨닫고 보면 그것 또한 하나의 미망이겠지요. 꽃 피고 새 울고, 단풍 들고 잎 지는 것이 어찌 인간 좋으라고 하는 일이겠습니까.

만약 사람이 한 생을 살아가면서 누구에게나 한 번쯤은 있을 절정의 순

간에만 집착하고 산다면 나머지 인생은 얼마나 쓸쓸할까요. 이에 비하면 몸 가누기도 힘들면서 당당히 모습을 드러내는 무하마드 알리 같은 사람의 모습은 얼마나 아름다운가요. 그래서 옛 선사는 이렇게 말했나 봅니다.

운문864~949, 중국 당나라 스님이 문하의 대중들에게 물었습니다.

"15일 이전의 일은 그대들에게 묻지 않겠다. 15일 이후의 일에 대해 한마디 일러 보라."

모두들 묵묵부답이었습니다. 그러자 운문 스님은 대중을 대신하여 스스로 이렇게 답했습니다.

"하루하루가 다 좋은 날日日是好日이다."

선문禪門 제1의 책으로 불리는 〈벽암록〉 제6칙 '일일시호일'은 이렇게 태어났습니다. 조주 스님도 비슷한 말을 한 바 있지요. "너희들은 시간에 끌려다니지만, 나는 시간을 쓴다."고 말입니다.

초여름의 마곡사도 좋았습니다. 당연한 일입니다. 자연의 조홧속이니까요. 절 마당에 들어서는 순간부터 비가 내리기 시작했습니다. 아직 장마전선을 등에 업지 않은 빗줄기는 고왔습니다. 그냥 맞아도 좋을 정도로. 그래서 그렇게 했습니다.

충청남도 공주시 사곡면 운암리의 태화산 기슭에 자리잡은 마곡사는 조계종 제6교구 본사로 충남 지역의 84개 사찰을 관장하는 절입니다. 이런 사격으로 보자면 떡하니 호령하는 기색이 있을 법도 한데 조금도 그런 기색이 느껴지지 않습니다. 주변 산세도 마찬가지입니다.

마곡사를 감싸고 있는 태화산은 호서정맥의 가지줄기로 그 맥은 무성산과 천안의 광덕산으로 이어집니다. 제1봉인 활인봉의 높이가 423미터인 것에서도 알 수 있듯이 우뚝하지는 않지만 자락은 넓어서 많은 골짜기를 드리우고 있습니다. 부드러운 S자형의 곡선을 이루며 가람을 감싸고 흐르는 마곡천은 절 마당을 가로지르며 사철 청신한 기운을 샘솟게 합니다. 이런 형국을 풍수가들은 연화부수형蓮花浮水形이라 하여 물 위에 떠 있는 연꽃에 비유합니다. 이중환은 〈택리지〉에서 유구천과 마곡천 사이를 십승지의 하나라고 한 남사고의 말을 인용하고 있습니다.

대부분의 명찰들이 그러하지만 자연과 조화를 이루는 데 있어 마곡사의 조응방식은 특별합니다. 우선 절 마당을 가로지르는 마곡천을 주목하지 않을 수 없습니다. 이 계류를 기준으로 북쪽에는 대광보전과 대웅보전, 응진전, 심검당, 연화당과 같은 당우가 있습니다. 주불전이 자리한 곳으로 중생의 입장에서 보면 예배 공간이고 부처의 입장에서는 교화의 공간입니다. 남쪽에는 현재 선방으로 쓰고 있는 매화당을 비롯하여 수선사와, 영산전, 명부전 등의 당우가 있습니다. 이른바 수행 공간입니다. 또한 이곳에 해탈문과 천황문이 있으니 사찰의 진입부이기도 합니다. 이 두 영역을 나누는 마곡천 위로는 극락교가 놓여 있습니다. 아주 쉽고 자연스럽게 불교의 세계관을 보여주는 공간 구성입니다. 그럼 지금부터 간단히 그 세계로 들어가 보겠습니다.

보통 절은 일주문을 통하여 들어가는데 마곡사에는 일주문이 없습니다.

절 입구의 작은 계곡을 건너는 세심교洗心橋를 그것으로 보아도 좋을 것 같습니다. 마음을 씻는 다리이니까요. 다음 발길은 해탈문입니다. 어떤 절에서는 불이문不二門이라고도 합니다. 모든 번뇌 망상이 분별의 소산임을 일깨우는 의미입니다. 부처와 중생, 선과 악, 미와 추가 본래 없다는 말입니다. 이것만 깨달으면 해탈이라는 얘기이겠지요. 너무 먼 세계의 일 같지만 지레 주눅들 일은 아닐 것 같습니다. 그래서 부처님은 일찍이 본각本覺이라는 말을 베풀어 놓았습니다. 만물은 본래부터 깨달음의 성품을 갖추고 있다는 뜻이겠지요. 어느 처세론 책을 보니까, 성공하기 위해서는 이미 성공한 것처럼 행동하라는 말이 있더군요. 차원은 다르지만 같은 맥락이겠습니다.

해탈문을 지나면 천왕문입니다. 본래 인도의 신들인 사천왕이 불문에 귀의하여 불법을 수호하는 역할을 하는 문입니다. 해탈문을 이미 지났으니 거리낄 게 없겠지요. 이제 다리만 건너면 극락입니다. 그런데 이 다리의 위치가 절묘합니다. 누문樓門이 있는 절에서 누각 아래가 아닌 모퉁이 진입을 할 경우 금당의 정면이 아닌 측면을 통하여 사역의 깊이를 보게 되는 것처럼, 다리를 건너자말자 저절로 5층석탑보물 제799호과 대광보전보물 제802호, 그 뒤로 2층 구조의 대웅보전보물 801호이 중첩되어 한눈에 들어옵니다. 전체가 어우러져 하나의 탑인 양 솟아 보입니다. 극락으로 오르는 계단처럼. 나는 이것이 정교하게 의도된 배치라고 확신합니다. 왜냐하면 시선을 옮겨 탑의 정면에서 바라보면 탑과 대광보전과 대웅보전의 중심선이 가지런하지 않습니다. 건물 전면의 길이가 작은 대웅보전의 왼쪽으로 쏠려 있습니다. 조금 전에 본 것 같은 꽉찬 느낌이 없고, 오히려 산만해 보입니다.

그런데 조금만 세심하게 살펴보면 마곡사의 모든 건물의 앉은 방향이 조금씩 다르다는 걸 알 수 있습니다. 남향이되 정남도 아닙니다. 이에 대한 의문은 해탈문-천왕문-극락교-대광보전-대웅보전으로 이어지는 동선을 연결해 보면 풀립니다. 조금씩 각도를 달리하면서 금당인 대광보전과 대웅보전으로 눈과 발을 이끌기 위함이 아닐까요. 하지만 또 의문이 남는 것은 왜 이런 방식을 취했냐 하는 점입니다. 이에 대한 궁금증은 평면 배치도를 보면 금방 풀립니다. 물과 지세의 흐름에 조금의 거스름도 없다는 것에서 의문은 종적을 감춥니다.

건물 배치 외에도 마곡사의 자연주의 미학은 곳곳에서 빛을 발합니다. 대부분 건물들의 막돌 기단석(궁궐을 제외한 건물에 다듬은 장대석을 쓰지 못하게 한 조선시대의 조영 법식이 더 큰 이유지만)과 수선사의 다듬지 않은 휜 기둥이 그것입니다.

이런 마곡사를 우리에게 물려준 사람에 대해서는 두 가지 설이 전합니다. 첫째는 신라 선덕여왕 9년640년에 자장590~658년경 스님이 당나라에서 귀국한 후 국통으로 봉해지며 밭 200결을 받아 창건했다는 것입니다. 둘째는 신라 문성왕 2년840년에 보조 체징 스님이 당나라의 선지식을 두루 섭렵한 후 창건했다는 것인데 그 연대는 확실치 않다 합니다. 마곡사라는 이름은 자장 스님의 개산 이후 보철 스님이 법을 얻어오자 그 법을 듣고자 모여드는 사람들이 골짜기를 가득 메웠는데, 그 모습이 삼麻대 같다 하여 비롯됐다고 전하고 있습니다. 그런데 이런 얘기들이 모두 '태화산마곡사사적입안'에 근거한 것인데, 학자들은 신빙성에 의문을 나타내고 있습니다. 하지만 잦은 병란을 겪으면서 후대에 사적기가 만들어지는 과정에서 당대 고승의 권위에 가탁하는 것이 보편적이었던 사정을 보면 정색하며 문제 삼을 일은 아닌 것 같습니다. 문제는 현재 이 절이 우리에게 어떤 의미인가 하는 것이겠지요.

지금 우리에게 마곡사는 어떤 의미의 공간인지를 보여 주는 키 워드가 있습니다. 템플 스테이가 바로 그것입니다.

마곡사의 템플 스테이는 전국 최고로 정평이 나 있습니다. 단순히 절에서 하루 이틀 묵었다 가는 것이 아니라 다양한 수행 프로그램으로 이웃과의 관계 개선, 내면의 상처 치유를 통해 평화롭고 행복한 삶의 길을 스스로 찾아 가게 합니다. 수행 프로그램을 진행하는 스님이 이렇게 말합니다.

"업 씻음이 없는 명상은 치장이나 화장일 뿐입니다. 내면의 상처를 치유하지 않고는 마음의 평화를 얻을 수 없습니다. 다들 행복해지려고 하지만 어떻게 해야 행복할 수 있는지를 모르고 있습니다. 다가오는 순간순간을, 삶의 전부로 느끼며 살아가야 합니다."

절의 존재 의미는 바로 이런 데 있는 게 아닐까 싶습니다.

만약,

사람이 한 생을 살아가면서

누구에게나 한 번쯤은 있을

절정의 순간에만 집착하고 산다면

나머지 인생은 얼마나 쓸쓸할까요.

정수사 꽃문을 열며,
저무는 한 해를 고이 닫습니다

마니산 정수사

서해의 정서에 가장 밀착된 풍광은, 썰물의 개펄 위에 턱 괴고 앉은 작은 고깃배들이 오도카니 먼 바다를 바라보는 모습입니다. 하여 나는, 개펄에 새겨진 바다의 발자국 위로 떨어지는 저녁 햇살을, 다시 올 님을 기다리는 등불로 걸어둔 서해를 찾았습니다.

마니산 기슭 함허동천으로 가는 길 옆으로 개펄이 누워 있었습니다. 고깃배는 한 척도 없지만 부드럽게 깊은 갯고랑은, 누천년의 그리움을 지문처럼 새겨 두고 있습니다. 어쩌면 그것은 달그림자인지도 모릅니다.

밀물과 썰물은 달이 바다에 띄우는 연서戀書입니다. 그 편지를 받은 바다는 부풀 대로 부푼 그리움으로 달을 향해 나아갔다가는, 무엇이 그리 부끄러운지 속마음도 털어 놓지 못하고 돌아섭니다.

함허동천을 지나 정수사로 오릅니다. 마니산 참성단으로 가는 길이기도

합니다. 여름이면 동굴 속 같은 녹음을 드리우는 숲길입니다. 그러나 지금은 가을바람만 빈 가지에 허허롭습니다.

마니산 정수사淨水寺. 신라 선덕왕 8년639, 낙가산에 머물던 회정 선사가 마니산 참성단을 참배한 뒤, 동쪽 기슭의 훤히 밝은 땅을 보고는, 가히 선정삼매禪定三昧를 바르게 닦을[精修] 곳이라 하면서 절을 세우고, 그 이름을 정수사精修寺라 했다 합니다. 하지만 이는 전하여 오는 이야기이고, 1903년에 엮은 '정수사산령각중건기淨水寺山靈閣重建記'와 '강도지江都誌'에는, 창건 연대를 알 수 없다고 밝히고 있습니다. 현재의 절 이름과 관련하여 전해 오는 이야기는, 조선 세종 8년1426에 함허 기화涵虛 己和 스님이 중창할 때 법당 서쪽에 맑고 깨끗한 물이 흘러나오는 것을 보고는 정수精修라는 이름을 정수淨水로 고쳤다는 것입니다.

10여 년 전부터 네다섯 번 계절을 달리하여 정수사를 찾곤 했습니다. 봄이면 108계단 옆으로, 봄보다 먼저 봄 마중을 나서는 매화의 운치가 그윽합니다. 늦여름, 절 마당 앞 산자락에 펼쳐지는 노랑 상사화 군락은 어디에서도 만나기 힘든 꽃마당을 이룹니다. 하지만 나는 그 꽃마당을 보지 못했습니다. 해마다 8월 말에서 9월 초까지 일주일 정도만 피어나기 때문입니다. 가을 단풍의 은근함도 보기 좋습니다. 내장산이나 설악산 단풍 같지야 않지만, 크고 작은 활엽수가 성글게 어우러진 모습은 은근하여 더 아름답습니다. 겨울 설경이야 어디인들 좋지 않겠습니까만, 산토끼가 마실을 다니는 평화로운 분위기는, 한겨울에도 온기를 나눌 생명체가 있다는

사실을 일깨우며 가슴을 따뜻하게 합니다.

　정수사의 규모는 암자라고 불러도 될 정도입니다. 산이 허락해 준만큼 터를 얻고 대웅보전과 산신각 그리고 요사를 세웠습니다. 최근에 절 마당 귀퉁이에 '바람이 그곳을 스칠 때'라는 이름을 단 찻집이 도량을 약간 좁아보이게 하지만, 돈을 받지 않고 누구에게나 차를 나누어 주는 찻집 안에서 바라보는 절 앞 산자락과, 살짝 모습을 보이는 서해는 보는 이의 마음자락을 먼 바다까지 넓혀 줍니다. 눈을 감고 가부좌를 트는 것만이 명상이 아니라, 때로는 풍광 속으로 들어서는 것만으로도 그것이 가능합니다.

　정수사 대웅보전보물 제161호 꽃문살의 아름다움은 많은 사람들이 첫손을 꼽을 정도로 빼어납니다. 가운데 칸 4짝 꽃문살은 여느 꽃문살과 달리 화병에 꽂힌 꽃 모양으로 조각되어 있습니다. 손과 마음이 순일하게 하나를 이루지 않고는 이룰 수 없는 아름다움의 정수를 보여 줍니다.

　대웅보전이 처음 세워진 때는 정확히 알 수 없지만 1957년 보수 공사 때 조선 초기인 1423년에 고쳤다는 기록이 발견되었습니다. 이 집은 앞면의 툇마루로 특이합니다. 건물의 양식으로 미루어 볼 때 후대에 고쳐 지을 때 덧달아 낸 것으로 보입니다. 어쨌든 우리네 옛 시골집을 떠올리게 하는 툇마루는, 부처의 세계와 우리 사이의 거리를 지웁니다.

　대웅보전을 받치고 있는 장대석과 주초석도 우리네 전통 미감을 곱게 간직하고 있습니다. 다듬은 장대석은 처음 지은 때가 조선 이전임을 보여 주고 있습니다. 조선시대의 사찰 건축에서 기단에 다듬은 돌을 사용하는 것은 금지된 일이었습니다. 기둥을 받치고 선 돌은 모두 다듬지 않은 돌입니다.

대웅보전 뒤 삼성각은 정갈한 돌계단을 마련하여 다가서는 이의 걸음을 조심스럽게 합니다. 대웅보전과 같은 방향이 아니라 살짝 오른쪽으로 튼 모습도 다소곳합니다. 주불전에 대한 경의의 뜻인지, 터의 모양에 순응한 것인지, 최초에 지은 사람의 의도는 알길 없으나, 자연과 하나 되기를 꿈꾸었던 옛사람들의 마음결이 느껴집니다.

대웅보전 오른쪽에서 산기슭으로 몇 계단을 오르면 높지도 낮지도 않은 벼랑 위에 삼층석탑이 서 있습니다. 근래에 조성한 불사리탑인데, 대웅전 앞에 세웠다가 다시 이쪽으로 옮겼습니다. 강화도라는 땅이 '바다 위에 뜬 연꽃' 같은 곳이어서 절 마당 가운데를 피했다고 합니다. 어쨌든 이곳에서 바다를 내려다보면, 과거에 염전이었던 곳이 지금은 논으로 바뀐 모습과, 인천공항으로 향하는 영종대교가 손끝에 걸릴 듯합니다. 약간의 거리만 두어도 문명의 첨단이 소꿉놀이처럼 보입니다.

산사에는 일찍 밤이 찾아듭니다. 자동차의 불을 밝히고 강화읍을 향하며 정수사 대웅보전 꽃문을 다시 떠올려 봅니다. 그 문은 닫혀 있는 때에도 활짝 열려 있습니다. 언제 우리는 열고 닫는 일에 자재로울 수 있을까요.

계룡산신과 함께 꽃비를 맞다

계룡산 신원사

꽃비가 내립니다.
원컨대 이 도량에 강림하시어 공양을 받으소서.
향기로운 꽃을 뿌리며 청하옵니다.

언제, 어디서, 누구를 위하여 부르는 노래인지를 알면 조금 의아할 것입
니다. 스님들의 장례의식인 다비식茶毘式을 할 때 산신제를 지내며 부르는
노래입니다.

비록 절집에 버젓이 산신각이 있다 하나, 신神의 존재를 인정하지 않는
불교에서 그것도 스님의 다비식에 산신을 청하여 공양을 올린다 하면 선
뜻 받아들이기 힘들 것입니다. 흔히 사찰의 산신각을, 외래 종교인 불교와
토속 신앙의 습합 내지는 수용으로 보는 통설에 비추면 더욱 그러할 것입

니다. 하지만 나는 조금 생각을 달리합니다. 평생을 산에서 산 스님이 이제 이생과 인연이 다하여 영원히 산으로 가기에 앞서 산의 주인인 산신에게 예를 올리는 것은 지극히 당연하고도 아름다운 일이 아니냐는 것이지요.

산의 정령精靈 또는 산 자체를 신성시하는 태도를 미신迷信이라고 생각하는 사람도 있을 것입니다. 그렇게 볼 수도 있겠지요. 반박할 생각은 없습니다. 다만 나는 참 '아름다운 믿음美信'이라는 생각합니다. 한국인이 만들어낸 공간 중 가장 아름다운 곳 중의 하나로 산신각을 드는 일도 주저하지 않겠습니다.

한국인과 산신의 관계는 뿌리가 깊습니다. 멀게는 단군신화에도 연원이 닿습니다. 단군은 1,500년 간 나라를 다스린 후 산신이 되었다 합니다. 신라 시대에는 동쪽의 토암산, 서쪽의 계룡산, 남쪽의 지리산, 북쪽의 태백산, 중앙의 팔공산을 오악으로 기렸습니다. 조선 태종~세종 대에는 삼각산(중), 송악산(서), 지리산(남), 비백산(북)을 4악이라 했고, 세종 대의 집현전 학자인 양성지는 명산대천에 대한 국가의 제사 대상을 개편할 것을 주장하며 5악과 8명산을 제시했습니다. 삼각산(중), 금강산(동), 구월산(서), 지리산(남), 백두산(북)을 5악으로, 목멱산, 감악산, 관악산, 계룡산, 치악산, 의관령, 축령산, 오대산을 8명산으로 든 일이 그것입니다. 도읍의 위치에 따라 대상의 변화가 있긴 해도 산악숭배 의식은 변함없이 이어져 온 것입니다.

이런 우리의 고유한 산악신앙이 산속에 깃든 절집으로 들어오는 것은 자연스럽습니다. 이에 대해 어떤 불교 입문서에서는, 산신은 불교와 관계 없는 토착신이나 불교의 재래신앙에 대한 수용에 의해 호법신중護法神衆이 되었고, 하근기下根機의 사람들을 위한 방편으로 산신각이 세워졌다고 설명하기도 합니다. 대부분의 불교 서적들의 설명도 크게 다르지 않습니다. 불교의식의 민속화 등 사회학적 해석을 덧붙이는 정도입니다. 그런데 이들 설명의 행간에는 몰래 낳은 자식 대하듯 하는 방어적 태도와, 불교의 오지랖이 대단히 넓다는 것을 강조하는 듯한 호교적護敎的 태도가 감지됩니다. 나는 이런 태도가 못마땅합니다. 두 가지 이유 때문입니다.

첫째, 현재 전지구적 문제가 되고 있는 환경 위기 극복을 위한 대중적 생태의식의 고양을 위해서도 산신은 더 기림을 받아야 합니다. 인디언의 자연 친화적 삶에 대해서는 대중적으로 열광하면서도 우리 삶 깊숙이 들어와 있던 산신의 존재에 대해서는 민속 신앙의 대상쯤으로 치부하는 태도는 당당하지 못합니다.

둘째, 불교 교리적으로도 거리낄 것이 없습니다. 산신은 신중신앙의 시원인 『화엄경』의 화엄신중 39위位 중 하나입니다. 화엄경 십주품의 제8동진주童眞住가 바로 산신이 머무는 곳입니다. 어린이의 천진한 마음이 머무는 곳이니, 산신이 자리할 곳으로 이보다 적당할 데는 없을 것 같습니다.만봉 스님이 쓴 『불교의식각론』 참조

산신 얘기가 좀 장황했습니다. 한국 최고最高의 산신각이 있는 신원사에 와서 단순히 건물의 규모나 특징, 위상 따위만 얘기하는 것은 성마른 짓

같아서입니다.

계룡산은 아주 넓고 높은 산이 아닙니다. 최고봉인 천황봉845.1m은 천 미터에도 못 비치고 넓이는 62평방킬로미터 정도입니다. 그런데도 지리산에 이어 68년에 국립공원으로 지정되었습니다. 정상 일대의 암릉들이 빼어난 계곡을 빚어놓고 있기 때문일 것입니다. 일찍이 신라 때부터 오악의 하나였을 뿐 아니라, 산의 동남쪽 신도안은 이성계가 조선을 세우고 도읍으로 삼으려 한 곳으로 유명합니다. 정감록으로 대표되는 도참서에 '정鄭 씨가 800년 도읍할 땅'이라 했고, 이중환도 택리지에서 산이 수려하고 물이 맑은 곳으로 삼각산, 오관산, 구월산과 함께 계룡산을 들었습니다.

계룡산의 빼어난 계곡들은 명찰을 셋이나 품고 있습니다. 북서쪽으로 갑사, 북동쪽으로 동학사, 남서쪽으로 신원사가 그것입니다. 이 중에서 신원사가 가장 덜 알려져 있지만 이곳에 한국 최고의 산신각인 중악단보물 제 1293호이 있습니다. 본디 1394년에 조선의 태조 이성계가 산신제단으로 건립했으나 효종 2년1651에 폐지되었다가 고종 16년1879에 명성황후 민비가 재건하여 오늘에 이릅니다.

중악단은 대웅전 영역으로부터 떨어진 동쪽 영역에 높은 담장으로 둘러쳐진 독립 공간을 이룹니다. 솟을대문과 중문을 통과하면서 중악단이 극적으로 강조되는 공간으로 구성되어 있습니다. 솟을대문과 중문은 양반 가옥, 중악단의 구조는 절집, 중악단 지붕 내림마루의 잡상은 궁궐 양식을 옮겨 놓고 있는 건축 양식도 특이합니다.

왕실의 흔적은 중악단 곳곳에 배어 있습니다. 대웅전을 비롯한 모든 건물의 기단과 주춧돌이 자연석이지만 중악단의 기단은 잘 다듬은 장대석이고 추춧돌 또한 그렇습니다. 자연석과 기와 조각을 섞어서 쌓은 꽃담, 출입구와 계단을 셋으로 나누어 신분에 따른 통행 방식을 정해 놓은 것도 작은 궁궐의 분위기를 느끼게 합니다.

대문과 중문 양 옆에는 각각 방이 딸려 있는데, 대문채의 방은 툇마루와 부엌까지 갖추고 있습니다. 명성황후가 기도를 할 때 머물던 방이라고 합니다. 순간 묘한 생각이 들었습니다. 중악단을 재건한 명성황후의 의도가 진심으로 나라의 태평과 백성의 안녕에 있었을까? 아니면 개인적 권력욕의 발로였을까? 속내까지야 알 수 없는 일이지만, 중악단 편액의 글씨를 쓴 사람이 순종 3년1909 일진회의 한일합병 주장에 맞서 그 부당성을 성토한 이중하1846-1917인 것으로 보아, 외세의 침탈로부터 나라를 지키기 위해 산신의 가피를 구했던 것은 틀림없어 보였습니다. 오늘날 국토 개발의 경우에도 정치 권력자나 정책 입안자들이 산신에게 기도하는 자세로 임한다면 개발론자와 생태론자의 다툼이 상당히 누그러질 것 같다는 생각도 해 봅니다.

신원사에서 중악단이 차지하는 비중이 아무리 크다 해도 본말이 바뀔 수는 없습니다. 중악단 때문에 생겨난 절이 아니라, 절이 거기에 있어서 비로소 중악단이 선 것입니다. 주지 스님으로부터 들은 바로는 중악단의 설치 때문에 대웅전의 위치까지 밀려났다고 하지만, 신원사는 나름의 존재감을 지니고 있습니다.

계곡을 건너자마자 이마에 걸리는 천왕문이 만들어 내는 프레임 속으로 들어오는 은행나무와 벚꽃 그리고 그 너머로 보이는 대웅전이, 몇 발짝만 다가가도 속진을 멀리한 세계로 발을 들여 놓은 듯한 느낌으로 충만하게 합니다.

진입로 옆의 푸성귀 밭도 한가로움을 더해 줍니다. 아직 파종을 하지 않은 밭 한 귀퉁이의 취나물과 시금치가 잘 가꾼 화초보다 더 꽃 같습니다. 인간이 이룬 공간도 빼어난 자연을 배경으로 하면 이렇듯 달라 보입니다.

마침 만개한 벚꽃이 흩날리는 대웅전 옆 툇마루에 앉아 하늘을 보는 순간, 왜 이곳에 중악단이 마련되었을까? 하는 의문이 풀렸습니다. 주봉인 천왕봉에서부터 쌀개봉, 관음봉으로 이어진 정상 일대가 손에 잡힐 듯 가까이 다가왔습니다. 갑사나 동학사에서는 볼 수 없는 풍광입니다. 닭의 벼슬을 머리에 인 용이 꿈틀거리는 모습이라 하여 계룡鷄龍이라는 이름을 얻은 계룡산의 본래면목이 거기에 있었습니다. 눈을 돌려 절 아래를 내려다보면 마을이 지척입니다. 산과 들판이 만나는 어름에 신원사가 자리해 있는 것입니다. 바로 이러한 접근의 편이성과 계룡산의 풍광이 어우러진 입지 때문에 이성계도 이곳에 산신제단을 마련하라는 무학 스님의 말을 따랐을 것입니다.

신원사는 백제의 고찰입니다. 고구려에서 백제로 망명한 열반종의 개조 보덕 스님이 의자왕 11년651년에 신원사神院寺로 초창했고, 충렬왕 24년1298

에 부암 스님이 중창한 이후 조선조에 들어 무학 스님이 태조 3년$_{1392}$에 면모를 다시했습니다. 현존 건물은 조선 말기인 고종 13년$_{1876}$에 보련 스님이 다시 세운 것인데, 해방 이듬해인 1946년에 만허 스님이 중수하면서 현재의 이름인 신원사新元寺로 바꾸었습니다. 국가의 신기원을 기리는 뜻에서였습니다.

산신이 오늘날 우리 삶 속에 살아 숨쉬는 신으로 거듭나기를 소원하면서 산문을 나섭니다. 꽃비가 내립니다. 산신도 이 꽃비를 맞고 있겠지요.

보살상의 웃음꽃,
선한 마음의 고갱이

오대산 월정사

낮과 밤. 시간의 두 기둥입니다. 우리는 이 두 기둥이 만들어 내는 공간에서 삶을 이어갑니다.

주리면 먹고 졸리면 잔다. 출세간의 사람들이 사는 법입니다. 세간 살림 꼴로 바꾸면 이렇게 되겠지요. 낮에는 일하고 밤에는 쉰다. 세간이든 출세간이든 사람이 산다는 것은 이렇게 단순합니다. 그런데 이 단순한 일이 왜 이리 '꿈' 같은지요.

저녁 공양을 마치고 나자 도량 가득 법고 소리가 차 오릅니다. 그 소리를 따라 산그늘은 깊어지고 침묵은 단단해집니다. 가끔씩 들리던 까마귀 소리도 종적을 감춘 지 오래입니다. 세상의 모든 소리는 저 법고의 텅 빈 심장 속으로 들어간 것인지도 모르겠습니다.

산사의 하루 중 내가 가장 좋아하는 시간은 법고 소리를 따라 어둠이 밀려오는 때입니다. 동지와 설 사이인 이맘때가 제격이지요. 더욱이 월정사는 언제 봐도 꽉 찬 달 같은 형국의 둥두렷한 오대산자락이 감싸고 있어서 밤 풍경은 더욱 그윽합니다.

절집에서는 일거수일투족이 절로 정갈해집니다. 신발을 벗으면서도 몸을 바로 하지 않을 수 없습니다. 섬돌의 정갈한 네모가 신발을 제멋대로 벗지 못하게 합니다. 집에서든 바깥에서든 신발 하나 제대로 벗어 두지 못하는 우리네 일상의 매무새가 얼마나 구겨져 있는지를 여실히 알게 합니다. '낮에는 일하고 밤에는 쉰다.'는 이 단순한 삶의 원리가 '꿈같은 일'로 느껴지는 이유가 거기에 있겠지요.

따뜻한 온돌 위에 두 다리를 뻗고 시간을 봅니다. 7시도 채 되지 않았습니다. 그런데도 느낌은 한밤중 같습니다. 보너스로 하룻밤을 더 얻은 기분입니다. 졸음이 봄볕처럼 다가옵니다. 참으로 오랜만에 맛보는 나른한 기쁨입니다.

한소끔 단잠을 자고 나자 머리가 말개집니다. 사위는 고요 그 자체입니다. 바람 소리도 지나지 않습니다. 다시 일상을 떠올려 봅니다. 한밤중에도 끊이지 않는 자동차 소리, 냉장고 윙윙대는 소리가 귀에 생생합니다.

잡것이라고는 조금도 섞이지 않은 밤의 정체가 궁금하여 방문을 열었습니다. 그런데 맙소사, 바스락거리는 소리조차 없이, 전혀 다른 세상이 태어나 있습니다. 눈입니다.

살금살금 적광전 앞뜰로 나갔습니다. 낮과 밤 혹은 빛과 어둠의 경계가

무너진 대적광大寂光의 세계가 바로 이곳입니다.

다시 방안으로 들어서자 옷에 묻어온 한기가 코끝에 서립니다. 문득 한 생각이 일어납니다. 일상에서 우리는 단 하루도 온전한 밤을 누리지 못한다는 자각이 그것입니다.

제대로 살려면, 제대로 쉬는 법부터 배워야 할 것 같습니다. 아무런 강박도 없이 그냥 쉬는 공부부터 해야 할 것 같습니다. 그것은 결코 요가 센터나 피트니스클럽, 스키장, 온천… 같은 곳에서 얻을 수 없는 성질의 것이겠지요.

산사의 아침은 눈을 치우는 일로 시작됐습니다. 그냥 두면 될 일이지 무슨 법석이냐고 생각할 수도 있겠지만, 사람이 할 일이 또 있는 법. 눈을 내린 하늘의 뜻과 눈을 치우는 사람의 뜻이 다르지 않을 것입니다. 이런 의미에서라면 눈을 치우는 일도 법석法席이겠지요.

월정사 대중들이 가르마처럼 곱게 내 놓은 길을 따라 다시 적광전 앞에 섭니다. 뒤로 눈을 이고 선 금강송의 자태가 비로자나부처의 광배光背처럼 빛납니다. 적광전 앞의 팔각구층석탑국보 제48호은 구름을 어깨 위에 올린 양 하늘 깊숙이 솟아 있습니다. 그런데 석탑 앞 석조보살좌상보물 제139호의 빈 자리가 어제와 달리 더 크게 느껴집니다. 아쉽게도 석탑 앞의 보살상은 현재 월정사성보박물관(보장각)에 모셔져 있습니다. 영구 보존을 위해서는 그것이 최선이겠지요. 하지만 단순히 문화재로서가 아니라 신앙적 측면의 현재성을 고려하면 제자리에 있는 것이 바람직할 것입니다. 굳이 탓을 하자면 산성비로 상징되는 고약한 환경에 손가락질을 해야 할 텐데, 결국 그 손가락 끝은 우리 모두를 향하겠지요.

사실 이번 여행은 그 보살상의 선한 웃음을 보기 위해서였습니다. 만약 누군가가 내게 한국인의 얼굴 중 가장 아름다운 얼굴을 꼽으라면 주저 없이 월정사 보살상을 들 것입니다. 그 얼굴을 떠올리면 나는 인간의 본성은 본디 선하다는 쪽으로 확신을 갖게 됩니다. 그 얼굴에 어린 웃음은 세계인이 경탄해마지 않는 금동 미륵보살 반가사유상국보 제83호이나 서산 마애삼존불국보 제84호과도 다릅니다. 월정사 보살상의 얼굴에는 온마음 온몸으로 자신을 누군가에 바치는 진심이 어려 있습니다. 그 얼굴에 핀 웃음꽃에서 나는 자타自他 혹은 주객主客이 무너진 마음자리의 향기를 느낍니다.

불가에서 쓰는 말 중에서 내가 가장 좋아하는 말은 '수희隨喜'입니다. 사전적 해석은 '다른 사람이 행한 선善을 수순隨順하여 기뻐하는 것'인데, 나는 '남의 기쁨을 내 것인 양 함께 기뻐하는 것'으로 새깁니다. 고약한 비유를 하지면 '사촌이 논 사면 배 아픈' 심사의 대극점에 있는 마음이 바로 '수희'일 것입니다. 슬픔은 작은 동정심만으로도 함께 할 수 있지만, 기쁨을 함께하는 일은 그것보다 훨씬 큰마음이어야 합니다. 기쁨 함께하기는 굳이 그렇게 하지 않아도 그리 허물될 일로 보이지 않기 때문에, 슬픔 함께하기보다 더 힘이 듭니다.

월정사 보살상의 얼굴에서 나는 이기심이라고는 털끝만큼도 없는 선한 마음의 고갱이를 봅니다. 그리고 그 마음을 고스란히 담아오려면 그 보살

상이 탑을 우러르는 딱 그만큼 고개를 젖혀 올려다봐야 합니다. 그런데 참으로 절묘하게도 보살상의 키가 180센티미터이기 때문에 보통 사람들은 그저 바라보기만 해도 절로 그리 됩니다. 키가 큰 사람이라면 약간 무릎을 구부려야 하겠지요.

겉모습만으로도 월정사 보살상은 특이합니다. 오른쪽 무릎을 꿇고 두 손을 모아 공양을 드리는 모습입니다. 우리나라에서는 강원도 강릉 일대에만 보이는 양식인데, 강릉 한송사지 석조보살좌상^{국보 제124호}과 강릉시 내곡동 신복사지 석조보살좌상^{보물 제84호}이 대표적입니다.

월정사 보살상은 약왕보살로도 불립니다. 부처님의 사리를 수습하여 팔만사천의 탑을 세우고 탑마다 보배로 장엄한 다음, 그 앞에서 칠만 이천 세 동안 자신의 두 팔을 태우며 공양했다는 법화경의 약왕보살이 바로 이 보살입니다.

조계종 제4교구 본사인 월정사는 800여 미터에 이르는 전나무 숲길과 상원사 적멸보궁만으로도 보배로운 절입니다. 특히 월정사가 깃든 오대산은 늘 5만의 진성_{眞聖}이 머물고 있다는 불교의 성지입니다. 삼국유사가 전하는 바에 따르면 오대산 전체가 하나의 커다란 도량인데, 내용을 요약하면 다음과 같습니다.

보천과 효명이라는 신라의 두 왕자가 오대산의 다섯 봉우리에 올라 예를 드렸는데, 이때 동대_{東臺}에는 1만의 관음, 남대에는 1만의 지장, 서대에는 1만 대세지, 북대에는 석가여래를 앞세운 5백 아라한, 중대에는 1만의 문수가 나타났다는 것입니다. 오늘날에도 다섯 대에는 암자가 자리하고 있는데, 동대 관음암·서대 수정암·남대 지장암·북대 미륵암·중대 사자암_{적멸보궁을 돌보는 암자}이 그것입니다. 어쩌면 오대산의 울창한 수림과 깊은 계곡이 곧 5만 진성眞聖의 현현일지도 모르겠습니다.

자장 스님이 신라 선덕여왕 12년643에 산문을 연 월정사는 이후 여러 차례 불에 타는 비운을 겪었습니다. 6·25때는 팔각구층석탑과 그 앞의 보살상을 제외한 모든 건물이 불탔습니다. 하지만 그 정신만큼은 한번도 탄 적이 없습니다. 오대산 아니 자연 그 자체를 성인의 현신으로 섬기는 그 정신은 이 시대가 요구하는 보살의 정신이기도 할 것입니다.

약왕보살의 그 선한 웃음이 눈에 어른거립니다. 참으로 닮고 싶은 얼굴입니다.

월정사 보살상의 얼굴에는

온마음 온몸으로 자신을 누군가에 바치는

진심이 어려 있습니다.

그 얼굴에 핀 웃음꽃에서

나는 자타自他 혹은 주객主客이

무너진 마음자리의 향기를 느낍니다.

저녁노을 같은
가을 단풍이 있는 곳

계룡산 갑사

누구나 큰 나무를 보게 되면 절로 우러르게 됩니다. 끝없이 떠도는 인생들에겐 몇 백 년 동안 한자리를 지키며 살아온 모습을 보는 것만으로도 위안이 될 것입니다.

계룡산 갑사는 절로 드는 숲길을 걷는 것만으로 다리품의 몇 갑절 즐거움을 안겨 줍니다. 갑사 가는 길, 그 울울한 오리五里 숲길은 단순히 절을 향한 통로가 아닙니다. 예로부터 '춘마곡 추갑사春麻谷 秋甲寺'라 일컫는 것도 온갖 종류의 넓은 잎 큰 나무들이 가을을 장엄하는 기품이 특별하기 때문일 것입니다. 그 숲길이 봄이라하여 아름답지 않을 리 있겠습니까만, 늙은 숲의 아름다움은 생동의 계절보다는 가을이 제격이겠지요. 갑사의 그 숲길은 백양사나 내장사의 고혹적이고도 황홀한 아름다움과는 다릅니다. 저녁노을이 주는 안온함 같은 것이 거기에 있습니다. 숲 사이로 드문드문,

마치 들꽃처럼 서 있는 감나무 또한 옛 고향 동네에 온 듯한 느낌이 들게 합니다.

잠시 그 숲길을 걸어 보겠습니다. 풍게나무, 갈참나무, 말채나무, 쪽동백나무, 왕쥐똥나무, 고로쇠, 회화나무, 고욤나무…. 이름도 생소한 수많은 나무들이, 누가 더 돋보일 것도 없이 어우러져 있습니다. 그 아래로는 황매화가 계속 이어지는데, 우리나라 최대의 군락으로 그 면적이 1,060평에 이른다고 합니다. 4~5월 신록과 어우러진 샛노란 황매화꽃을 보며 갑사 가는 길은 다음 봄을 기약해야 할 것 같습니다.

계룡산의 북서쪽 기슭에 자리잡은 갑사는 조계종 제6교구 본사인 마곡사麻谷寺의 말사입니다. 420년에 아도화상이 창건했다는 설과 556년에 혜명이 창건했다는 설, 아도가 창건하고 혜명이 중창했다는 설이 있습니다만 정확한 기록은 전하지 않습니다. 하지만 아도 화상이 생존했던 시기는 위의 연대보다 훨씬 전이므로 사실과는 거리가 먼 것 같습니다. 이후 통일신라시대에는 679년문무왕 19 의상 스님이 중수하면서 화엄대학지소華嚴大學之所로 삼았으며, 이때부터 화엄십찰華嚴十刹의 하나가 되었습니다. 고려시대의 연혁은 전하지 않지만 조선 초에는 승려 70명이 거주할 수 있는 사찰로 규모가 커졌다는 기록이 전합니다. 하지만 1597년 정유재란 때 모든 당우가 불탔습니다. 곧이어 1604년 대웅전과 진해당을 중건했고, 1654년 관찰사 강백년의 도움으로 크게 중창했다 합니다. 조선 후기에는 1738년 표충원表忠院을 세웠고 1875년에 대웅전과 진해당을 중수했으며, 1899년에 적묵당을 새로 지었습니다. 한편 16세기에는 갑사甲寺의 이름이 계룡갑사鷄龍甲寺였음을 신증동국여지승람을 통해 알 수 있습니다. 최근 들어 갑사는 강당을 이전하고 범종루를 신축하는 등 면모를 새로이 하고 있습니다.

대부분의 자료를 보면 갑사의 입지에 대해 관습적으로 연천봉 기슭이라고 적고 있습니다. 하지만 갑사는 연천봉 기슭과는 계곡을 사이에 두고 있습니다. 오늘의 갑사는 정상인 천황봉845.1m에서 북서쪽으로 뻗은 쌀개봉을 지나 관음봉816m을 기점으로하여 서쪽으로 연천봉, 북서쪽으로 자연성릉을 지나 삼불봉과 수정봉으로 이어지는 능선을 병풍처럼 두르고 있다고 해야 옳을 것입니다. 그런데 왜 연천봉 기슭이라고 하는지는 대적전에 가서야 비로소 그 까닭을 알 수 있습니다.

대적전충남 유형문화재 106호은 현재의 중심 영역인 대웅전과는 별개의 영역에 자리잡고 있습니다. 대웅전 영역에서 남서쪽으로 계곡을 건너 우공탑牛功塔을 지나면 대적전이 있습니다. 연천봉이 흘러내려 다리를 편 곳입니다.

대적전 앞에는 보물 제257호인 고려시대 부도가 있습니다. 본래 갑사 뒤쪽 산중에 있었으나 1917년에 현 위치로 옮겨온 것이라 합니다. 팔각원당형八角圓堂刑의 부도로 기단부의 조각 수법이 대담하고도 정교합니다. 팔각의 지대석 위에 연잎이 피어나는 모양과 각기 다른 모양의 사자를 조각하였으며, 그 위로는 운룡雲龍을 새겨놓았습니다. 이곳에서 서쪽으로 돌계단을 따라 100m쯤 가면 보물 제256호인 철당간 및 지주가 나옵니다. 통일신라 때 조성된 것으로 당간의 높이는 15m, 지주의 높이는 3m입니다. 본

디 당간 지주는 절 입구에 세우는 것이므로, 대적전 영역이 갑사 창건 당시의 중심 공간임을 알게 합니다. 하지만 지금은 갑사에서 가장 한적한 곳입니다. 대적전과 철당간을 잇는 대나무 숲 사이 돌계단을 천천히 걸으면, 산사의 고적감을 제대로 느낄 수 있습니다.

당간과 부도 말고도 갑사에는 중요한 문화재가 여럿입니다. 국보 제298호 비로자나 삼신불 괘불 탱화, 보물 제478호 동종, 보물 제582호 월인석보판목과 충남 유형문화재 제50호인 석조약사여래입상을 비롯한 다수의 지방문화재가 있습니다.

대웅전 영역에서 북쪽으로 작은 계곡을 건너면 또 하나의 독립 공간인 표충원表忠阮이 나옵니다. 충남 문화재자료 제52호인 표충원에는 서산, 사명, 영규 대사의 영정을 모시고 있습니다. 이들 세 스님은 사제의 인연을 맺고 있을 뿐 아니라 임진왜란 때의 의승장이라는 공통점이 있습니다. 서산 스님이 두 스님의 스승이니, 사명 스님과 영규 스님은 법형제의 관계입니다.

갑사에서 출가한 영규 스님은 임진왜란 발발시 의승군을 규합하여 조헌과 함께 청주성을 탈환하는 데 큰 공을 세웁니다. 이후 금산성을 공격하다가 조헌의 전사 소식을 듣고는 혼자 살아남을 수 없다며 끝까지 싸우다 삶을 마감했다 합니다.

갑사의 큰 자랑은 역시 계룡산이라는 자연적 배경일 것입니다. 신라 오악 중 서악이었던 계룡산은 고려 때 옹산翁山으로 불리었으나 조선 개국 무럽 무학 대사가 와서 보고는 "이 산은 한편으로 금계포란형金鷄抱卵形이고, 또 한편으로는 비룡승천형飛龍昇天形이니 두 가지 모양 모두를 따서 계룡이라고 부르는 것이 좋을 것이다" 한 뒤 오늘의 이름이 비롯됐다 합니다.

갑사계곡의 단풍은 계룡산에서도 으뜸이어서 이른바 계룡팔경의 제6경입니다. 오리숲에서 갑사를 끼고 돌며 용문폭포를 지나 금잔디고개로 오르는 갑사구곡의 단풍은 가을 계룡의 백미로 일컬어집니다.

금잔디고개를 지나 동학사쪽으로 30분 쯤 가면 청량사지쌍탑이 나오는데, 일명 남매탑이라고도 불립니다. 7층탑을 오라비탑이라 하고 5층탑을 누이탑이라 하며, 합해서 오누이탑이라 부르기도 합니다. 고려시대에 세워졌다고 전하나 백제 석탑 양식을 따르고 있습니다. 그런데 이 탑에는 애잔하면서도 성스러운 러브스토리가 전합니다. 간단히 전하면 다음과 같습니다.

백제 왕손 한 명이 이곳에서 수도를 하던 중, 목에 가시가 걸린 호랑이를 구해주었더랍니다. 그런데 며칠 뒤 호랑이는 예쁜 처녀 한 명을 업어 왔고, 그 사람은 처녀를 고이 돌려보냈답니다. 그러나 처녀의 부모는 다른 사람에게 시집을 보낼 수 없다며 다시 보내니, 할 수 없이 두 사람은 남매의 인연을 맺고 함께 수도하여 도를 이루었다고 합니다.

성(性)을 초월하면 성(聖)이 되는 모양입니다. 또한 계룡팔경의 제8경이 남매탑의 명월이라고 하니, 꽉 찬 달과 함께 갑사구곡을 오르는 일도 괜찮을 것 같습니다.

화산
낙락장송 옆
바위 같은 절

화산 용주사

바람도 지쳐버린 듯합니다. 매미 소리는 머릿속까지 폭염을 실어 나릅니다. 염천입니다. 이런 더위에 계곡을 낀 절이 아니라 들판의 길가 절을 찾은 즐거움도 각별했습니다. 대세를 거스르니 호젓합니다.

용주사를 품고 있는 화산은 높이가 108미터에 지나지 않는 구릉 같은 산입니다. 하지만 이 산의 수림은 웬만한 산에 비길 바가 아닙니다. 화산은 숲으로 이루어진 섬나라입니다. 화산의 숲은 용주사로 하여 빛을 더합니다.

훤히 드러난 사천왕문을 들어서면, 밖에서 볼 때와는 전혀 다른 세계가 펼쳐집니다. 학춤을 추듯 멋스럽게 휘어진 소나무 사이로, 부처의 세계로 향한 길이 열립니다. 무심한 손길로 툭툭 다듬은 듯한 박석을 깐 길도, 소나무의 춤사위처럼 휘어져 있습니다. 실제보다 훨씬 길어 보입니다. 길의 곡선은 직선으로만 내달려온 시정의 속도를 거두어들입니다. 길 오른편은 우람한 느티나무와 팽나무들이 삼매에 들어 있습니다.

길은 용주사라는 현판을 단 내삼문內三門으로 이어집니다. 사찰에서는 보기 드문 형식으로, 세 칸의 문으로 이루어져서 붙은 이름입니다. 삼문 앞에는 천진한 표정의 해태상이 서 있고 좌우로는 행랑이 길게 이어져 있습니다.

내 삼문을 지나면 5층 석탑과 함께 2층으로 된 문루門樓인 천보루가 위엄 가득한 모습으로 대웅보전을 향한 길을 열어 줍니다. 천보루 좌우에는 행각行閣이 이어집니다. 마치 궁궐에 들어 선 듯한 느낌입니다.

천보루를 지나면 껑충 키를 올린 대웅보전 영역이 펼쳐집니다. 왼쪽으로 만수리실과 범종각, 천불전이 펼쳐집니다. 오른쪽으로는 나유타료와 법고각이 이어지면서 대웅보전 앞의 네모꼴의 마당은 성스러운 분위기가 충만합니다.

대웅전 왼쪽 뒤로는 시방칠등각, 오른쪽 옆과 뒤로는 효성전과 지장전 그리고 전강 선사의 사리탑이 또 하나의 공간을 이룹니다. 이렇듯 용주사는 네 영역으로 이루어져 있습니다. 각각의 영역은 문으로 연결돼 있으면서 독립된 공간을 이룹니다. 이런 공간 구조 때문에 대웅보전 뒤에도 여느 사찰과 달리 상당히 넓고 매력적인 공간이 마련돼 있습니다. 그런데 더 매력적인 것은 대웅보전 뒤 담장 너머로 마치 광배光背처럼 늘어선 소나무들입니다. 진입부의 소나무와는 또 다른 분위기입니다. 곧지도 심하게 구부

러지지도 않았습니다. 이 소나무를 보면서 조선의 22대 임금이었던 정조와 관련된 일화를 떠올려 봅니다.

화산 서쪽에는 정조의 아버지인 사도세자의 능이 있는데, 어느 무더운 여름 불현듯 아버지가 보고 싶어 그곳을 찾았답니다. 그런데 어느 순간 송충이가 솔잎을 갉아먹는 것이 눈에 띄자 재빨리 잡아 든 뒤 "네가 아무리 미물이라지만 이리도 무엄할 수 있단 말이냐. 비통하게 가신 것도 마음 아픈데 어찌 너까지 괴롭히느냐." 하면서 이빨로 물었다는 것입니다. 이후로 지금까지도 사도세자의 능 주위에는 송충이가 없다고 합니다. 지금도 그런지는 알 길이 없으나 정조의 효성이 얼마나 지극했는지는 알 것 같습니다.

사실 오늘의 용주사는 정조 임금과는 뗄 수 없는 관계입니다. 정조를 용주사의 창건주라고 봐도 좋을 것입니다. 그 내력을 간단히 더듬어 보면 이렇습니다.

본디 이곳에는 갈양사라는 절이 있었습니다. 신라의 구산선문 가운데 하나였던 가지산문의 제2세였던 염거 화상이 854년_{신라 문성왕 16} 세웠던 절입니다. 고려시대에는 970년_{광종 21} 혜거 국사가 머물며 수행했던 왕실의 원찰이었고, 조선시대에도 명맥을 유지했으나 병자호란 때 불에 탄 뒤 폐사가 되고 말았습니다. 지금의 용주사는 갈양사의 옛 터에 정조가 새로이 세운 절입니다. 1790년의 일입니다.

다 알듯이, 정조의 아버지인 사도세자는 당쟁의 갈등에 휘말려 8일 동안 뒤주에 갇혀 있다가 숨을 거두었습니다. 그때 열한 살이었던 정조는 그

모든 것을 지켜보았습니다. 지울 수 없는 상실의 아픔을 겪었을 것입니다. 정조가 왕위에 오른 지 13년이 된 1789년, 경기도 양주 배봉산(지금의 서울 전농동)에 있던 사도세자의 능을 화산으로 옮기고 그 이름을 현용원顯隆園, 훗날 사도세자가 장조(莊祖)로 왕위의 반열에 오르면서 융릉으로 승격이라 하였습니다. 그리고 이듬해 사도세자의 명복을 빌고 능을 돌보는 능침 사찰로 용주사를 창건한 것입니다. 전해 오는 얘기에 따르면, 낙성식 날 저녁 정조가 용이 여의주를 물고 승천하는 꿈을 꾸어 이름을 용주사라 했다 합니다.

용주사의 창건주는 정조였지만 실질적인 창건 불사는 보경당 사일 스님이 주도하였습니다. 정조는 보경 스님으로부터 '부모은중경'을 전해 받으면서 불심을 일으키게 되었다 합니다. 창건 직후부터 용주사는 승려의 기강을 바로 세우고 승풍을 규찰하는 기구인 규정소를 관장하는 도총섭이 상주하는 지위를 누렸습니다. 당시의 지배 이념이 성리학이었던 만큼 정조가 아니었다면 오늘의 용주사는 없었을지도 모릅니다.

누구보다도 당쟁의 폐해를 뼈아프게 경험한 정조는 강력한 탕평책을 실시했습니다. 이로써 왕권의 안정을 다진 정조는 아버지의 능이 있는 수원 북쪽에 최신 공법으로 화성을 쌓고 행궁을 조성하였습니다. 요즘 말로 하면 산업과 안보의 중추 역할을 할 신도시를 건설하려 했던 셈입니다. 실제로 정조는 한강에 배다리를 띄우고, 1,700명의 수행원과 800필의 말을 거느리며 창덕궁에서 화성까지 이틀에 걸쳐 행차를 하곤 했습니다. 백성의 목소리를 직접 들으면서 왕으로서의 권위를 한껏 높인 것입니다.

화산의 울창한 수림은 정조의 명으로 20년 동안 나무를 심고 가꾼 결과입니다. 골프장이 세워질 위기도 있었으나 용주사가 그것을 지켜냈습니다.

참으로 다행히도 용주사의 가람 구조는 창건 당시와 크게 달라지지 않았습니다. 근래에 새로 지은 건물 외에 대웅보전과 천보루, 나유타료, 만수리실은 1790년에 건립된 당시의 모습을 고이 간직하고 있습니다. 더 다행인 것은 화산의 숲이 건강하게 살아있다는 사실입니다.

절은 산을 지키고, 산은 절을 절답게 합니다. 그리하여 우리는 개발과 경쟁의 핏발 선 눈길이 비켜가는 심신의 피난처를 얻습니다. 절이 불교라는 특정 종교의 영역을 넘어 존재해야 할 이유입니다. 아니, 그것이 바로 부처의 뜻입니다. 그러나 안타깝게도 '세상의 학교', '만생명의 휴식처'가 되어야 할 절이 종종 그렇지 못한 모습을 보이기도 합니다. 부처님도 슬픈 일입니다.

네 본연의 천진이
대자연의 율동에 맞춰
춤추게 하라

금산 보리암

남해 보리암이라 해야 좋을지, 금산 보리암이라 불러야 할지 잠시 망설여집니다. 남해도南海島와 금산錦山, 681m과 보리암은, 셋이면서 하나이고 하나이면서 셋이기 때문입니다. 그래서 나는 이렇게 부르기로 했습니다. '남해 금산 보리암'이라고.

한때 남해의 매력에 흠뻑 빠진 적이 있습니다. 삼년 연거푸 1월 1일의 아침을 보리암에서 맞았습니다. 일출을 보러 온 사람들이 너무 많아서 길 입구에 차를 세워두고 한 시간 넘게 걸어 오를 때의 기억은 아직도 생생합니다. 그리고 그때마다 날씨가 흐려 해는 제대로 보지 못했지만, 일출보다 더 아름다운 남해 바다의 아름다움에 매료되었습니다. 그 순간 나는 제대로 남해를 감상하는 법을 발견했습니다. 한 문장으로 요약하면 이렇습니다.

'보리암은 뒷걸음질로 올라야 할 절이다.'

사실 가파른 오르막길을 뒷걸음질로 오르는 것은 가당찮은 일입니다. 운동을 위해서라면 또 모를까. 정상 가까이로 다가가면서 나는 이제나저 제나 해가 떠오를까 싶어 수시로 몸을 돌려 세우곤 했습니다. 어느 순간 나는 희붐한 대기 사이로 돋아나는 바다와 섬들의 풍광이 불과 몇 걸음 차 이로 판이하게 달라진다는 것을 알았습니다. 나름대로 확보한 객관적인 관점이라는 것도 편견의 다른 이름일 수 있다는 생각도 들었습니다. 시각 의 높이에 따라서, 시간의 흐름에 따라서 다른 모습으로 다가오는 남해 바 다의 모습은 세계와 사물의 실상에 대한 어떤 논리적 설명보다도 쉽게 다 가오는 생생한 가르침이었습니다.

보리암은 먼 길로 에돌아 찾아가야 할 절입니다. 남해대교를 건너든, 창 선·삼천포대교를 건너든 이동면 금평마을로 곧장 가는 것이 가장 빠릅니 다. 금산의 북쪽 기슭으로 길이 나 있기 때문입니다. 하지만 그렇게 가면 금산의 이마에 자리한, 아스라한 벼랑에 제비집처럼 자리한 보리암의 입 지를 살필 수 없습니다. 시간이 좀 더 걸리긴 하지만 상주 쪽으로 에돌다 가 상주해수욕장에서 북쪽을 바라보면, 기암절벽으로 정상을 이룬 금산 과 정상 바로 아래에 자리한 보리암을 한눈에 담을 수 있습니다. 그것을 보지 않고 보리암을 봤노라 하는 것은 반쪽짜리 절 구경입니다.

보리암을 800미터 앞둔 곳에 있는 주차장에 차를 세우고 걷는 산길의 감 촉도 아주 부드럽습니다. 금산의 금자가 공연히 비단 금錦인 게 아닙니다.

길이 끝나면, 대숲 사이로 돌계단이 나타납니다. 돌계단이 끝나면 보광

전 앞에 닿게 되고 한 번 더 계단을 내려서면 해수관음상의 뒷모습과 삼층석탑이 시야에 들어옵니다. 이곳까지 오는 동안 입지에 비해 과도한 크기의 극락전이나 다닥다닥 붙은 듯한 전각들에 적이 실망할지도 모르겠습니다. 하지만 이런 점들은 부차적입니다. 보리암은 절집을 보러 갈 곳이 아니라 남해의 무진 법문을 듣기 위해 찾아야 할 절이기 때문입니다.

삼층석탑 앞으로 가서 바다를 봅니다. 이곳이 바로 금산 제1의 남해 조망처입니다. 울창한 수림과 계곡을 타고 내리던 시선은 송림을 병풍처럼 두른 상주해수욕장에서 일단 멈춥니다. 심호흡 한 번 하고 다시 사방을 둘러봅니다. 바다와, 사람이 공들여 가꾼 인공의 숲과, 원시의 숲이 빚어내는 시각적 화음이 장중합니다. 저녁 바다는 이우는 햇살을 은빛으로 되돌려 놓습니다. 물과 불의 상생입니다. 어쩌면 원효 스님과 관련된 창건 연기나 조선의 태조 이성계와 얽힌 금산의 전설도, 이런 대자연의 풍광을 보여주기 위한 방편일지도 모르겠습니다.

대자연의 풍광에 사람살이를 비춰보는 것. 그것이 관조가 아닐까 싶습니다. 인간사의 모든 시비곡직이 관조적 태도로 사물을 바라보지 못하는 데서 비롯되는 게 아닐까요.

관세음보살이 자비의 화신인 건 '세상의 소리를 보는觀世音' 보살이기 때문일 것입니다. 세상살이에서 타인에게 관용을 구할 때 우리는 '좀, 봐 달라고' 말합니다. 봐 준다는 것은, 보살펴 도와준다는 것이고, 기다려 준다는 것이고, 다른 관점에서 한 번 더 지켜본다는 것이겠지요. 말하기 전에

한 번 더 바라볼 여유를 가지는 것. 이것이야말로 보살도의 첫걸음이 아닐까 합니다.

　보리암의 창건과 관련해서는 두 가지 이야기가 전해옵니다. 가락국의 김수로 왕이 인도 중부 아유타국의 공주 허황옥을 왕비로 맞아들일 때 함께 온 장유 선사가 세웠다는 것입니다. 장유는 허황옥의 삼촌이기도 했는데, 김수로왕과 허황옥이 낳은 열 왕자 중 일곱을 데리고 출가하여 처음 절을 세운 곳이 김해에서 멀지 않은 이곳 보리암이라고 합니다.

　다른 한 가지는 원효 대사가 창건했다는 설입니다. 원효 대사가 산천을 유랑하던 중 금산의 절경에 이끌려 들어왔는데 온 산이 빛을 발하더랍니다. 그래서 산 이름을 보광산이라 하고 보광사를 지었다는 것입니다. 이후 고려 말에 이성계가 이곳에서 기도를 올린 다음 조선을 세우고 왕위에 오르자, 그 보답으로 산을 비단으로 둘러준다는 뜻에서 금산으로 이름을 고쳤다 합니다.

　진실이 무엇이든 위의 세 가지 이야기는 공통점이 있습니다. 남해와 금산의 절경이 창건의 주요 동인이었다는 사실입니다.

　금산 제1의 조망처인 삼층석탑경상남도 유형문화재 제74호에도 재미있는 이야기가 숨어 있습니다. 전해 오는 얘기에 의하면 허황옥이 인도에서 가져온 불사리를 모시기 위해 원효 스님이 세운 것이라고 합니다. 그러나 믿기 힘든 것이 고려 초기에 조성된 것으로 보이기 때문입니다. 그런데 이 탑의 남쪽에 나침반을 가져가면 N극과 S극이 남북을 반대로 가리킨다고 합니다. 돌이 바다를 건너오면서 방향을 잃었기 때문이라고 합니다. 돌도 멀미를 한다는 익살스런 상상의 산물입니다. 어쨌든 이 이야기도 탑의 절묘한 입지 때문에 생겨난 것 같습니다. 절승에 대한 감탄이 부족하다고 느낀 사람들이 만들어낸 신비화의 산물이겠지요.

우리나라에서 네 번째로 큰 섬인 남해군은 1973년에 완공된 남해대교에 이어, 2003년에 창선·삼천포 대교가 개통되면서 육지와 한층 가까워졌습니다. 하지만 관광지 개발 붐으로 한갓진 분위기가 사라져가는 것은 안타까운 일입이다. 그것이야말로 관광 자원으로서의 가치를 줄이는 일이라는 걸 놓치는 지자체의 조급증이 안타깝기도 합니다. 예를 들어 지족 해협의 자연 현상을 이용한 죽방렴의 고기잡이 방식은 옛 그대로여서 사람들의 관심을 받습니다. 그런데 대놓고 '원시어업 죽방렴' 이라고 광고를 하면서부터 이상한 관광 상품이 돼 가는 느낌입니다. 그래도 아직 남해군에는 호젓한 산마을과 바닷가 마을의 분위기를 간직한 곳이 많습니다. 따라서 보리암을 들고 날 때에는 한껏 해찰을 부리며 이곳저곳 둘러볼 필요가 있습니다.

자연과 어우러진 삶의 현장에서 자연스러움의 가치와 미덕을 발견하는 것. 그것이야말로 살아 있는 경전을 읽는 일이 아닐까요.

고려 때의 백운 스님이 금강산의 석불상을 보고 읊은 시의 한 구절이 생각납니다.

"공연한 짓 벼랑 깨어 법신 상했네."

자연이 곧 부처의 몸이라는 통찰이 별처럼 빛납니다. 보리암의 가르침도 이와 다르지 않을 것입니다. 그것을 나는 이렇게 새겨 봅니다.

'네 본연의 천진이 대자연의 율동에 맞춰 춤추게 하라. 그것이 조화로운 삶이요, 지혜로운 삶일지니.'

산사山寺,

나무와 산과 바람의 지음知音

재약산 표충사

산봉우리 위에 낮달처럼 저녁 햇살이 걸리자 구천리 동구입니다. 표충사의 아랫마을입니다. 햇살 한 줄기, 아쉬운 작별의 마지막 고갯짓인 양 솔숲에 걸립니다. 솔숲을 지나자 길가의 참나무들이 황급히 어둠을 빨아들입니다. 푸르스름한 하늘에 참나무들의 실루엣이 조각처럼 새겨집니다. 나무의 수직성이, 그 끝 모를 하늘 사랑이 극한을 이루는 순간입니다.

개울을 건너 일주문을 지나자 참나무 숲 사이로 대리석으로 깐 길이 사역으로 발길을 이끕니다. 길의 주인은 참나무입니다. 표충사表忠祠 마당을 가로질러 성큼 키를 올려 지은 사천왕문을 지나자 삼층석탑 앞입니다. 높은 산을 울처럼 두른 산사는 호수 같은 어둠에 잠겨 있습니다. 바람조차 조심스럽게 길을 열어야 할 것 같은 단정한 어둠입니다.

아무런 일도 해서는 안 될 것 같은, 무슨 일을 해도 어긋날 것 같은 겨울

초저녁. 산사가 아니라면 결코 만날 수 없는 시간입니다. 산사의 적막은 겨울이 제격입니다.

참으로 오랜 만에 고래등 같은 기와집의 구들에 배를 깔고 눕는 호사를 누립니다. 진정 '쉰다'는 것은 이런 순간을 이르는 말이겠지요. 현대인의 삶이 온전치 못한 이유를 또 절감합니다. 밤을 '잃어버리고' 사는 우리네 반쪽 삶이 가여워서 쉬 잠을 이룰 수 없습니다.

아침 공양 시간을 알리는 종소리에 늦은 잠에서 깨어납니다. 새벽 도량석과 예불 때 울리는 목탁 소리도 듣지 못하고 잠에 빠져든 것입니다. 늦은 시간이라지만 사실은 새벽 5시 30분입니다. 보통 절집에서는 새벽 3시부터 하루를 시작하니까요. 장지문을 열자 알싸한 새벽 공기가 방안으로 스며듭니다. 참으로 오랜만에 맡아보는 '겨울 냄새'입니다.

는개가 내리는 아침을 맞습니다. 안개와 함께 절 마당을 둘러봅니다. 삼층석탑보물 467호 옆 배롱나무의 군더더기 없는 몸매가 또 하나의 탑을 이루고 있습니다. 산사가 아니라면 무엇이 나무와 산과 바람의 지음知音이 될까 싶습니다.

표충사는 대찰입니다. 높은 곳에서 내려다보지 않는다면 한눈에 가늠될 수 없는 규모입니다. 크게 네 단을 이룬 공간에 따라 네 영역으로 나뉘어져 있습니다. 절의 주불전인 대광전경남 유형문화재 제131호과 팔상전경남 유형문화재 제141호, 응진전, 종각, 우화루로 이루어진 바른 네모꼴 마당이 중심 영역입니다. 위로 관음전, 명부전이 별도의 공간을 이룹니다. 아래로는 서래각,

승련암, 종무소가 한 영역을 이루고, 사천왕문을 지나 또 한 영역이 열립니다. 사천왕문에서 수충루에 이르는 영역은 완전히 독립된 곳으로 이곳에 표충사表忠祠를 비롯하여 표충서원, 유물전시관, 무설전 등이 넓고 긴 네모꼴의 공간을 이룹니다. 이런 대부분의 전각은 근래의 불사로 이루어진 것입니다. 잦은 전란의 화를 입은 데다 1926년에도 큰불이 났기 때문입니다. 이때 살아남은 건물은 응진전과 무안면에서 옮겨온 표충사表忠祠뿐이었다 합니다.

표충사의 창건 시기는 신라로 거슬러 오릅니다. 신라 통일기에 원효 스님이 세웠다 하는데 당시 절 이름은 죽림사竹林寺였다고 합니다. 그러고 보니 현재 절 뒤편의 2만여 평에 이른다는 대나무숲은 그 뿌리가 대단하다고 하겠습니다. 죽림사는 이후 흥덕왕 대826~836에 황면 스님이 다시 일으켜 세우면서 영정사靈井寺로 이름이 바뀌었습니다. 고려 말에는 삼국유사를 쓴 일연 스님이 1천여 명의 대중을 이끌며 수행을 한 절이기도 합니다.

현재의 표충사表忠寺라는 이름은 조선 선조가 승병을 이끈 사명대사를 기리기 위해 세운 표충사表忠祠를 이곳으로 옮겨오고부터입니다. 본디의 표충사表忠祠는 영축산에 있던 백하암白霞庵 자리에 있었다 합니다. 어쨌든 오늘의 표충사는 사명 스님과 뗄 수 없는 관계입니다. 현재 유물전시관에는 300여 가지 쯤 되는 사명 스님의 유품이 전시돼 있습니다. 그중 선조가 고마움의 표시로 전한 청동함은향완靑銅含銀香垸은 국보 제75호로 1177년고려 명종7에 만들어졌다 합니다. 현존하는 향완 가운데 가장 오래된 것입니다.

표충사는 자연적 배경도 대단히 빼어난 절입니다. 북동쪽에서 우람한 품으로 절을 안고 있는 재약산은 깊은 계곡과 폭포, 억새 평원으로 널리 알려진 곳입니다. 특히 이 일대의 가지산, 운문산, 고헌산, 재약산, 간원산, 신불산, 영축산 등 1천 미터 이상의 7개 산을 엮어 '영남 알프스'로 부르면서 더욱 많은 사람들을 불러들이고 있습니다. 그런데 아무리 지나치려 해도 '영남 알프스'라는 이름은 영 마뜩치 않습니다. 일부에서 문제를 제기하는 것처럼 글자 그대로 '사대적'이라고 매도할 수는 없다 해도, 우리 스스로가 우리 땅을 너무 옹색하게 만든다는 느낌을 지울 수 없습니다. '한국의 그랜드 캐년' 같은 표현만큼이나 유치하기도 합니다. 우리 산악미의 고유성을 보잘것없는 것으로 여길 수는 없지요. 이 일대 고위 평탄면의 아름다운 풍광과 억새숲을 강조하기 위한 의도를 헤아리기 어려운 건 아니지만, 사실 이곳의 산들은 억새숲만이 아니라 절벽과 계곡, 폭포 같은 우리 고유의 산수미만으로도 빼어난 곳입니다.

재약산의 풍광만 해도 충분히 독자성을 갖추고 있습니다. 금강폭포, 층층폭포, 홍룡폭포 같은 깊고 그윽한 계곡과 울창한 수림만으로도 이 산은 아름답습니다. 140~150만평에 이른다는 사자평의 억새숲과 고원습지도 소중합니다. 사자평이라는 이름도 사바나의 느낌 때문에 붙였을 법한데 그리 오랜 연원을 가진 것 같지는 않습니다. 60년대 초반까지 화전민들이 밭을 만들고 지역 주민들이 산나물을 얻기 위해 끝없이 불을 지른 결과가 오늘의 사자평입니다. 현재의 사자평은 오리나무와 참나무 숲으로 상당히 천이가 진행돼 가고 있습니다. 본디의 모습을 되찾아가고 있는 것입니다. 이것이 자연입니다.

밀양참여시민연대 환경분과위원장인 이수완 선생의 안내로 사자평 일대를 둘러봅니다. 대단히 장쾌합니다. 특히 충충폭포 위에서 사자평으로 오르는 계곡은 산정山頂 호수 만큼이나 특별한 풍광을 보여 줍니다. 사자평 입구의 고사리분교에서 우리네 60~70년대의 가난한 삶을 돌아보는 기분도 각별합니다. 66~96년까지 30년 동안 36명의 졸업생을 배출한 이 초미니 학교의 교정에서 아이들이 조잘거리는 모습을 상상해 봅니다. 아랫세상(?)이 어떻게 생겼는지도 모를, 섬처럼 고립된 화전민들의 아이들이었지만 배움의 끈만은 놓치지 않았습니다. 오늘 우리 사회의 천박한 풍요와 하이에나 같은 탐욕에 비하면 얼마나 아름답고 건강한 가난인가요. 우리는 너무 빨리 많을 걸 얻었고, 그것보다 더 빨리 더 많은 것을 잃었습니다.

옥류동천을 따라 표충사로 향합니다. 대단히 가파른 내리막을 지나 홍룡폭포 전망대에서 땀을 식힙니다. 가파른 내리막이 계속됩니다. 계곡을 건너자 편안한 오솔길이 표충사로 발길을 이끕니다. 아직도 마른 잎을 달고 있는 단풍나무 숲입니다. 끝없이 걷고 싶은 고운 숲길입니다.

는개가 내리는 아침을 맞습니다.

안개와 함께 절 마당을 들러봅니다.

삼층석탑보물 467호 옆 배롱나무의

군더더기 없는 몸매가

또 하나의 탑을 이루고 있습니다.

산사가 아니라면 무엇이

나무와 산과 바람의 지음知音이 될까 싶습니다.

어디에도 물들지 않으면
그대로
부처

설악산 봉정암

봉정암의 겨울은 일 년의 반입니다. 시월 중순부터 겨울이 시작돼 이듬해 오월이 되어야 진달래가 꽃망울을 터트리는 곳입니다. 그러나 그것도 잠깐 일 뿐, '아, 봄이구나' 하고 느끼는 순간은 이미 봄날은 가 버린 때입니다.

봉정암의 위치는 설악의 네 청봉靑峰이 수호신장처럼 외호하고 있는 만큼 웬만한 산을 앞지르는 높이입니다. 지리산 법계사1400m에 이어 우리나라에서 두 번째1224m로 높습니다. 그런데도 흔히 우리나라에서 가장 높은 절로 알려진 까닭은, 법계사가 6.25전쟁 이후 토굴의 형태로 명맥을 이어오다가 근래에 들어 절의 면모를 갖추었기 때문일 것입니다. 하지만 심리적인 높이는 역시 봉정암이 한국 최고입니다. 서북릉은 좌청룡, 공룡릉은 우백호인 양한데, 수렴동에서 시작되는 용아장성릉의 정점이 바로 봉정암이기도 합니다. 그 아스라한 능선 사이로는 가야동, 구곡담, 수렴동 등

빼어난 계곡들이 사철 설악의 시린 기운을 뿜어내고 있습니다. 따라서 봉정암 가는 길은 온전히 설악을 오르는 길이기도 합니다. 봉정암에서 1시간 30분 쯤이면 대청봉 정상에 오를 수 있으니까요.

강원도 인제군 북면 용대리 외가평에서 20리 남짓 백담계곡을 거슬러올라 백담사에 이르자 찻길이 끝나고, 백담대피소에서부터 산기슭으로 등산로가 열립니다. 눈에 남겨진 앞선 발자국들이 등산로를 버리고 계곡을 향합니다. 꽝꽝 얼어붙은 계곡 전체가 커다란 등산로가 돼 있습니다. 등산로와 계곡을 들락거리며 봉정으로 향하는 발걸음이 종일 얼음판을 뒹굴던 어린 시절로 돌아가게 합니다.

얼어붙은 계류를 걷는 느낌이 각별합니다. 정지된 시간 속에 놓인 느낌, 혹은 과거와 현재가 뒤섞인 시공간에 선 기분입니다. 지난 가을 활활 타오르는 단풍의 불기운을 머금고 있을 얼어붙은 물줄기는 분명 현존하는 과거입니다. 이 모순된 시간 아래로 물은 쉼 없이 흐르고 있습니다. 부재하는 현재입니다. 따라서 현재는 모든 과거이자 미래입니다. 지난 시간에 연연하고 미지의 시간에 불안해하는 일이 얼마나 부질없는지를, 얼어붙은 수렴동계곡이 말없이 일깨우고 있습니다. 그래서 사물의 실상을 꿰뚫어 본 현자들을 일러 '위대한 하루살이'라 하는지도 모르겠습니다. 삼세불가득三世不可得이라 했습니다. 과거에도 현재에도 미래에도, 고정불변한 실체로서의 법(다르마)은 없다는 유마경의 가르침을, 얼어붙은 계곡을 걸으며 실감합니다.

봉정암은 한국불교의 5대 적멸보궁 중 가장 접근이 어려운 곳입니다. 그러면서도 가장 이름 높은 기도처 가운데 하나입니다. 그 이유는 긴 설명을 필요치 않습니다. 몸으로 부딪쳐 보면 단박에 알 수 있습니다. 숨이 턱까지 차오르는 깔딱고개를 넘는 순간, 시름도 한숨도 다 사라지면서 어떤 사람이라도 그 순간만큼은 고결한 영혼의 순례자로 거듭나지 않을 수 없을 것입니다.

봉정암의 험준한 입지는 곧잘 상식을 비웃습니다. 지난해 가을 참배객 중 최고령은 여든여섯 된 할머니였다고 합니다. 전설처럼 들립니다. 가을 단풍 시즌 때면 소청대피소에 하얀 고무신이 소복할 때도 있었다고 합니다. 절이 수용한도를 초과해서 대피소에서 밤을 보내려는 할머니들 때문입니다. 최첨단 소재의 등산화가 머쓱해지지 않을 수 없었을 것입니다. 하얀 고무신이 정직하게 반영하는 그 순수한 몸의 언어는 봉정암이 없었다면 결코 발설되지 못했을 것입니다.

봉정암은 백담사의 부속암자입니다. 그렇지만 건립 연대는 백담사나 교구 본사인 신흥사보다 앞섭니다. 봉정암의 역사는 643년선덕여왕12에 자장 스님이 당나라에서 모셔온 부처님의 진신사리를 봉안하면서 시작됩니다. 이후 677년문무왕17에 원효 스님이, 1188년명종18에 지눌 스님이 중건하였습니다. 조선시대에 들어서는 1518년중종13에 환적 스님이, 1548년명종3에 등운 스님이 중수하였고, 1632년인조10에는 설정 스님이 중건하였습니다. 오늘 날에도 생활 자체가 힘든 곳에 끊임없는 보살핌이 따랐음을 알게 하는 기록들입니다.

봉정이라는 이름은 신라 애장왕 때 봉정鳳頂이라는 고승이 수도하였다하여 붙여졌다는 설도 전해옵니다. 사실이 어떻든 법당 뒤로 봉바위를 비롯한 깎아지른 듯한 기암은 봉황이 아니면 감히 둥지를 틀 엄두를 내지 못할 것처럼 보입니다.

현재의 봉정암은 설악산 정상 언저리라고는 믿기 힘들 정도로 많은 전각들이 들어차 있습니다. 6.25전쟁 때 모두 불타버리고 1960년에 법련 스님이 간절한 기도 끝에 보궁과 요사를 마련한 이후, 1985년부터 꾸준히 이어온 불사가 최근 마무리 단계로 접어든 결과입니다. 그 규모는 일주문, 108법당, 종각, 산신각 등으로 오늘날 고조된 환경의식으로 보면 한도를 넘어선 듯도 합니다. 하지만 가을철에는 등산객과 참배객의 수가 하루 1,500여 명을 웃돈다 사실을 알고 보면 고개를 끄덕이지 않을 수 없습니다. 그나마 앉아서 철야 기도를 하는 사람이 많기 때문에 그 정도 수용이 가능하다는데, 공양주 보살의 다락방도 내 주기 일쑤라고 합니다. 그 많은 사람들에게 식사를 제공하는 것도 보통일은 아닐 것입니다. 밥과 차는 모든 사람에게 무료로 제공합니다. 밥과 미역국, 오이 무침뿐인 소찬이지만 힘들여 깊은 산을 찾은 이들에게 섭섭한 마음이 들게 해서는 안 된다는 것이 절의 기본적인 방침입니다. 사소한 것이든 원대한 것이든, 온갖 원과 한이 끊이질 않는 세상사의 고통에 대한 부처님과 봉정암의 다독임입니다.

세상의 소리에 공명하는 봉정암의 마음은 외양에서도 드러납니다. 긴

겨울을 나기 위해 전각마다 둘러친 비닐은 흡사 화전민이나 도시 빈민의 집을 연상시킵니다. 달리 보면 화려한 단청보다 더 장엄해 보입니다.

사람들은 왜 수없이 많은 절을 두고 앉아서 밤을 지새고 서서 밥을 먹어야 하는 고생을 기꺼이 감수하는 것일까요. 그 답은 부처님의 사리탑강원도 유형문화재 제31호에 있습니다.

사리탑은 용아장성릉의 클라이맥스에 해당하는 지점에 홀연히 솟은 듯 서 있습니다. 아스라한 바위 벼랑 위에 탑과 함께 서면, 왼쪽으로 소청과 중청이 잡힐 듯하고 오른쪽으로 공룡릉 너머로 동해가 넘실대며, 먼 산 봉우리는 첩첩이 금강산으로 이어집니다.

고려양식인 사리탑은 기단부가 없습니다. 사방 네 개씩 연꽃잎이 음각된 바위 자체를 기단으로 삼았으니, 설악산 전체가 탑과 한몸인 셈입니다.

그리하여 봉정암은, 봉정암을 품고 있는 설악산은, 언제나 부처님이 적멸의 즐거움을 누리는 보배궁전입니다.

봉정암에는 목탁 소리가 끊이지 않습니다. 인적 드문 한겨울에는 설악의 봉우리들이 목탁소리를 들으며 염불 삼매에 듭니다.